Christiane Mázur Doi
Cecília Maria Villas Bôas de Almeida

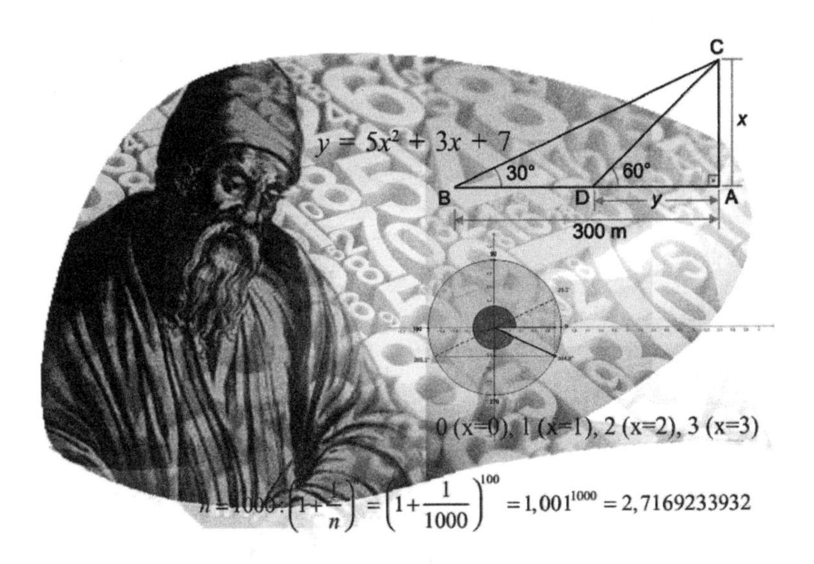

EXPLICANDO MATEMÁTICA

Christiane Mázur Doi
Cecília Maria Villas Bôas de Almeida

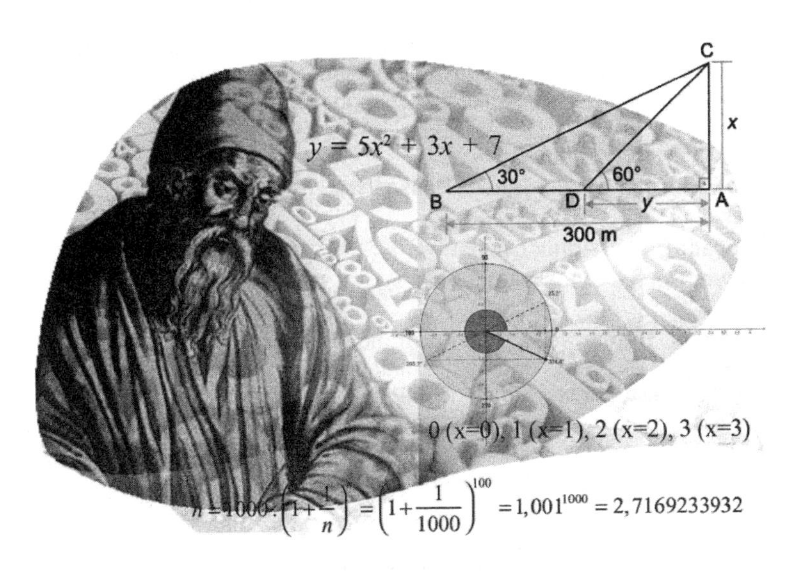

EXPLICANDO MATEMÁTICA

Editor: Paulo André P. Marques
Produção Editorial: Dilene Sandes Pessanha
Capa: Daniel Jara
Diagramação: Carlos Arthur Candal
Copidesque: Equipe Ciência Moderna

FICHA CATALOGRÁFICA

DOI, Christiane Mázur; ALMEIDA, Cecília Maria Villas Bôas de.

Explicando Matemática

Rio de Janeiro: Editora Ciência Moderna Ltda., 2018.

1. Matemática
I — Título

ISBN: 978-85-399-0745-8 CDD 510

Editora Ciência Moderna Ltda.
R. Alice Figueiredo, 46 – Riachuelo
Rio de Janeiro, RJ – Brasil CEP: 20.950-150
Tel: (21) 2201-6662/ Fax: (21) 2201-6896
E-MAIL: LCM@LCM.COM.BR
WWW.LCM.COM.BR

01/18

Ao Espírito Santo de Deus,
que nos ilumina sempre.

Introdução

É muito comum ouvirmos pessoas falando assim: "não entendo Matemática", "para que serve a Matemática?" ou "a Matemática é muito complicada"...

Aqui, vamos apresentar, de forma simples e direta, assuntos básicos da Matemática, que podem ajudar na hora de entendermos e aplicarmos alguns conceitos.

Com linguagem de fácil acesso, esta publicação apresenta 28 tópicos de modo simples e didático e, para facilitar o entendimento, são utilizados recursos de imagens, como figuras e gráficos.

Os tópicos selecionados incluem conceitos como "como probabilidades são associadas com jogos da Quina e da Mega Sena?", "como calcular juros compostos?", "como calcular áreas e volumes?" e "como se explicam e se aplicam as funções do 1º grau, do 2º grau e exponenciais?". Há dois tópicos adicionais, dedicados à lógica e ao uso do raciocínio lógico de forma indutiva e dedutiva.

Cada tópico pode ser consultado isoladamente para sanar dúvidas pontuais, mas a leitura completa do livro pode auxiliar no conhecimento introdutório de fundamentos da Matemática de modo simples e concreto.

Sumário

Capítulo1

Números Naturais e Números Inteiros

Já faz muito tempo que o homem vem inventando métodos para contar. Os romanos utilizavam letras maiúsculas do alfabeto latino (I, II, V etc). Atualmente, usamos os dígitos, chamados assim por sua relação com os dedos das mãos, conforme associação mostrada na figura 1.1.

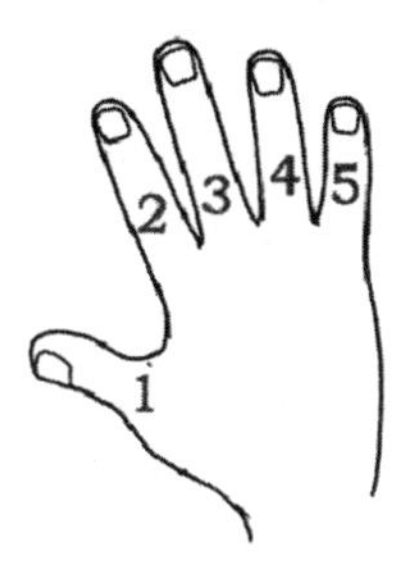

Figura 1.1. Dígitos associados aos dedos da mão.

Empregamos representações numéricas em atividades diversas do dia a dia, como na esquematização de passos do tango (figura 1.2a) e no jogo de amarelinha (figura 1.2b).

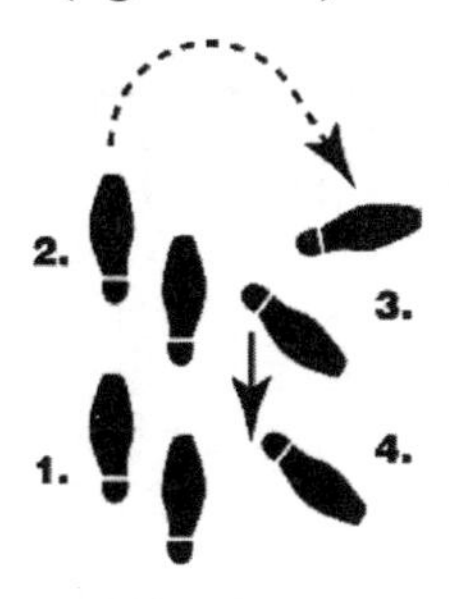

Figura 1.2a.

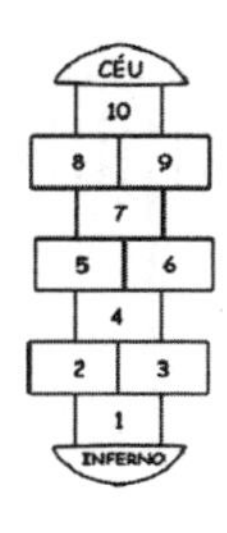

Figura 1.2b.

Figura 1.2. Esquematização de passos do tango (a) e jogo de amarelinha (b).

Quando associamos as ideias de números e de contagem, pensamos em um conjunto chamado de conjunto dos números naturais, representado por N.

Os elementos de N são indicados assim: N = {1, 2, 3, 4...}

Esse foi o primeiro conjunto de números usado pelos seres humanos para contar objetos. Um (1), dois (2), cinco (5) e nove (9) são exemplos de números naturais.

Vemos que o conjunto dos números naturais "não tem fim", ou seja, é formado por infinitos elementos. Isso pode ser verificado assim: se imaginarmos os números naturais ordenados de modo crescente (do menor para o maior), sempre existe um número natural que é uma unidade maior do que o seu antecessor.

Por exemplo, se pensamos no 78, chegamos ao seu sucessor, o 79, pela soma de uma unidade. Agora, partindo do 79, chegamos ao próximo número da lista dos números naturais, o 80. Podemos continuar com esse procedimento indefinidamente, pois se trata de um conjunto "sem fim".

Embora o conjunto N seja infinito, ele tem "furos", pois, entre dois números naturais sucessivos, não há outro número natural. Por exemplo, entre o 2 e o 3 não existe outro número natural, visto que 2,1 ou 2,5 ou qualquer outro número que contenha "casas decimais" não são números naturais.

Podemos perceber os "furos" do conjunto N imaginando que os números naturais sejam os valores das marcações em centímetros exatos de uma régua milimetrada. As marcações dos milímetros não representam números naturais, pois não indicam valores inteiros de centímetros, estando em "furos" do conjunto N (figura 1.3).

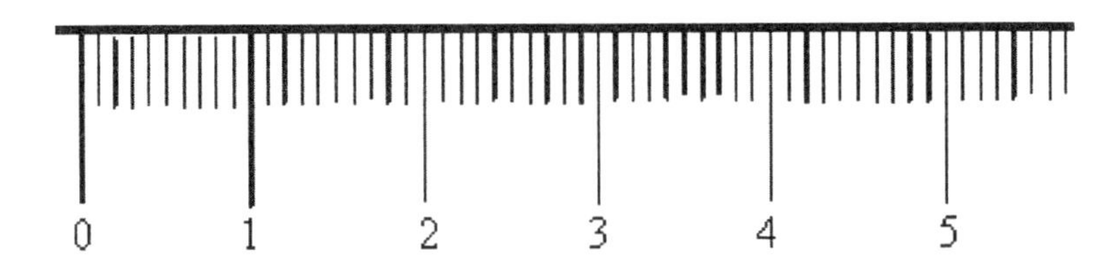

Figura 1.3. Os números naturais podem ser associados aos valores das marcações em centímetros exatos de uma régua milimetrada.

Existe controvérsia em considerar o zero (0) como um número natural. A Teoria de Conjuntos inclui o zero dentro desse grupo, mas a Teoria de Números prefere excluí-lo.

Os números naturais podem ter dois usos principais: a especificação da quantidade de elementos de um conjunto finito (cardinal) e a descrição da posição de um elemento em uma sequência ordenada (ordinal). Um exemplo de uso cardinal dos números naturais é a contagem do número de planetas no sistema solar (figura 1.4a) e um exemplo de uso ordinal dos números naturais é o estabelecimento da ordem de chegada em uma competição (figura 1.4b).

Figura 1.4a. **Figura 1.4b.**

Figura 1.4. Números naturais para contar (a) e para ordenar (b).

Além disso, com os números naturais podemos também identificar e diferenciar os diversos elementos que fazem parte de um grupo ou de um conjunto. Por exemplo, dentro de um clube de futebol cada jogador tem um número na camisa, que o distingue dos demais.

Os números naturais pertencem ao conjunto dos números inteiros positivos: não têm "casas decimais", não são fracionários e são infinitos.

Os números inteiros, representados por Z, contêm os números naturais (que são usados para contar os elementos de um conjunto), incluindo também o zero e os números negativos.

Os elementos de Z são indicados assim: Z = {..., -3, -2, -1, 0, 1, 2, 3, ...}.

Os números inteiros negativos têm várias aplicações práticas. Com eles, podemos apontar, por exemplo, temperaturas abaixo de zero ou débitos em contas bancárias.

Capítulo 2

Números Reais

Os números reais são aqueles que podem ser expressos por um número inteiro, como 3, 28, -9 e 1568, ou por um decimal, como 4,28, 6/7, -289,65 e 0,45. Em resumo, o conjunto dos números reais é formado pelo zero, por números positivos e negativos, por números inteiros, por números com "finitas casas depois da vírgula" e por números com "infinitas casas depois da vírgula" (dízimas periódicas ou não).

Os elementos do conjunto dos números reais, representado por R, são indicados assim: R = {..., -2, .., -5/4,..., -1,..., 0,..., 1/2,..., $\sqrt{2}$,..., 2,..., 3, ..., 967,856,...}.

Em outras palavras, o conjunto dos números reais inclui os números racionais, simbolizados por Q, que podem ser representados na forma de fração (quociente de dois números inteiros com denominador diferente de zero), e os números irracionais, que não podem ser expressos como uma fração de números inteiros com denominador diferente de zero, conforme resumido no quadro 2.1.

Quadro 2.1. Números reais: reunião de números racionais e irracionais.

Números racionais (Q)	Números irracionais
Podem ser expressos na forma do quociente de números inteiros: Q={... 1/2, 5/3, 8/10, 238476/98745,...} A representação decimal é exata (como em 0,5) ou periódica (como em 1,6666666666666...).	Não podem ser expressos na forma do quociente de números inteiros, como em 0,1234567891011121314151617181920... A representação decimal não é exata nem periódica, como em $\sqrt{2}$ = 1,4142135623731...

Alguns números reais irracionais recebem simbologias específicas, como o número pi, representado por P, que apresenta aplicações na geometria, e o número neperiano, representado por e, que apresenta aplicações no cálculo de juros.

Vemos que o conjunto dos números reais, assim como o dos naturais, "não tem fim", ou seja, é formado por infinitos elementos: ele não tem começo e não tem término, pois não existe o menor número real nem o maior número real.

Mas, diferentemente do conjunto dos números naturais, o conjunto dos números reais não apresenta "furos": sempre é possível escrever um número real entre dois números reais. Por exemplo, entre os números 3,56 e 3,784, podemos escrever o número 3,56789 ou o número 3,7 ou o número 3,77777...

Ou seja, por mais próximos que sejam dois números reais, há sempre outro número real entre eles. Por exemplo, 2,10 e 2,11 parecem próximos, mas há infinitos outros números reais entre eles, como o 2,1000005 e o 2,102367678.

Capítulo 3
Números Complexos

No conjunto dos números complexos, indicados por C, há um tipo de operação que não é feita nos números reais: extrair a raiz quadrada de um número negativo. Para isso ser possível, define-se o número imaginário, indicado por i, como aquele que, quando elevado ao quadrado (ou seja, quando "ele é multiplicado por ele mesmo", resulta em um valor negativo, conforme esquematizado na figura 3.1).

i^2 → negativo

Fig. 3.1. Representação do número imaginário i.

Houve um tempo em que se pensava que os números imaginários eram impossíveis, por isso foram chamados de "imaginários". Depois, verificou-se que esses números têm aplicações, como o cálculo de combinações de correntes alternadas, mas o nome do "imaginário" permaneceu.

No século XVIII, Leonhard Euler definiu a unidade dos números imaginários como um número tal que $i^2 = -1$. A unidade dos números imaginários é a raiz quadrada de menos 1, ou seja, $\sqrt{-1} = i$.

Os números complexos combinam um número real e um imaginário na forma da soma a+bi, em que a e b são números reais e i é a unidade imaginária.

Por exemplo, 2+3i é um número complexo com a=2 e b=3 e 5-7i é outro número complexo com a=5 e b=-7.

Capítulo 4
Números Primos

Um número inteiro e positivo é chamado de número primo se ele apenas puder ser dividido por um e por ele mesmo e gerar como resultado um número inteiro, sendo que o primeiro número primo é o 2.

Vamos observar, abaixo, os primeiros números inteiros maiores ou iguais a 2.

- 2 é um número primo, pois ele é divisível apenas por 1 (2/1=2) e por 2 (2/2=1);
- 3 é um número primo, pois ele é divisível apenas por 1 (3/1=3) e por 3 (3/3=1);
- 4 não é um número primo, pois ele não é apenas divisível por 1 (4/1=4) e por 4 (4/4=1), mas, também, por 2 (4/2=2);
- 5 é um número primo, pois ele é divisível apenas por 1 (5/1=5) e por 5 (5/5=1);
- 6 não é um número primo, pois ele não é apenas divisível por 1 (6/1=6) e por 6 (6/6=1), mas, também, por 2 (6/2=3) e por 3 (6/3=2);
- 7 é um número primo, pois ele é divisível apenas por 1 (7/1=7) e por 7 (7/7=1);
- 8 não é um número primo, pois ele não é apenas divisível por 1 (8/1=8) e por 8 (8/8=1), mas, também, por 2 (8/2=4) e por 4 (8/4=2);
- 9 não é um número primo, pois ele não é apenas divisível por 1 (9/1=9) e por 9 (9/9=1), mas, também, por 3 (9/3=3);
- 10 não é um número primo, pois ele não é apenas divisível por 1 (10/1=10) e por 10 (10/10=1), mas, também, por 2 (10/2=5) e por 5 (10/5=2);
- 11 é um número primo, pois ele é divisível apenas por 1 (11/1=11) e por 11 (11/11=1) e assim por diante.

Em um livro intitulado "Os elementos", Euclides (figura 4.1), um matemático que nasceu por volta de 300 a.C. e viveu em Alexandria (Egito), demonstrou que existem infinitos números primos.

Figura 4.1. Euclides, matemático que demonstrou a existência de infinitos números primos. Disponível em <http://www.hisschemoller.com/2011/euclidean-rhythms/euclides/>. Acesso em 11 ago. 2012.

No quadro 4.1, temos a lista dos 200 primeiros números primos positivos.

Quadro 4.1. Lista dos 200 primeiros números primos positivos.

2	3	5	7	11	13	17	19	23	29
31	37	41	43	47	53	59	61	67	71
73	79	83	89	97	101	103	107	109	113
127	131	137	139	149	151	157	163	167	173
179	181	191	193	197	199	211	223	227	229
233	239	241	251	257	263	269	271	277	281
283	293	307	311	313	317	331	337	347	349
353	359	367	373	379	383	389	397	401	409
419	421	431	433	439	443	449	457	461	463
467	479	487	491	499	503	509	521	523	541
547	557	563	569	571	577	587	593	599	601
607	613	617	619	631	641	643	647	653	659
661	673	677	683	691	701	709	719	727	733
739	743	751	757	761	769	773	787	797	809
811	821	823	827	829	839	853	857	859	863
877	881	883	887	907	911	919	929	937	941
947	953	967	971	977	983	991	997	1009	1013

Capítulo 5

O Número Pi

O número pi, representado pela letra grega π, é um número irracional usado, entre outras situações, na geometria e em cálculos de áreas e volumes.

Na figura 5.1, podemos ver as 100 primeiras casas decimais de pi e também podemos ver que os decimais não seguem nenhum padrão de repetição: não há nenhuma fração que represente o valor de π.

3.1415926535897932384626433832795028841971693
993751058209749445923078164062862089986280348
25342117068

Fig. 5.1. As primeiras cem casas decimais de pi (ρ).

O número pi representa a relação entre o comprimento e o diâmetro de uma circunferência qualquer, como mostrado na figura 5.2.

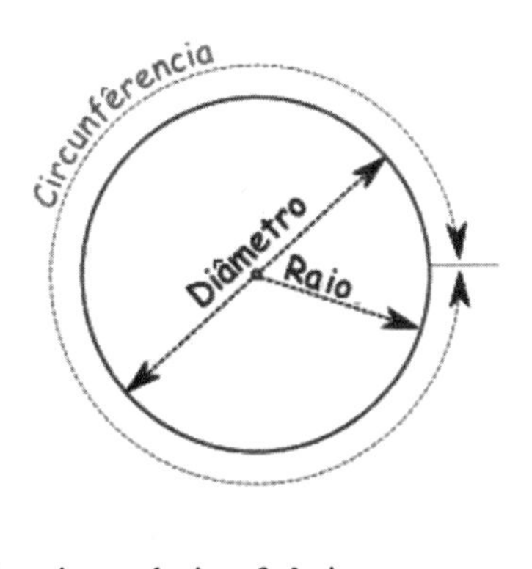

$$\frac{\text{Comprimento da circunferência}}{\text{Diâmetro da circunferência}} = \pi = 3{,}14159...$$

Fig. 5.2. A proporção entre o comprimento e o diâmetro de uma circunferência.

Não importa se a circunferência é grande ou se ela é pequena, sempre verificamos a relação mostrada na figura 5.2, ou seja, .

Há uma misteriosa presença de π nas pirâmides egípcias. Alguns matemáticos dizem que a relação encontrada é pura coincidência. Porém outros tentam explicar essa relação sugerindo que os egípcios usavam as circunferências de rodas para medir distâncias, como mostrado na figura 5.3.

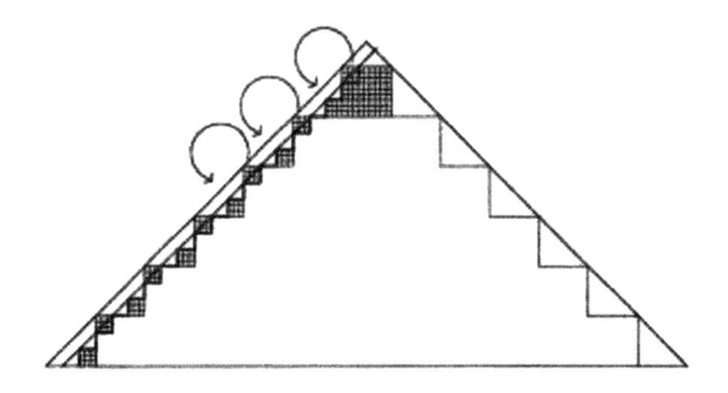

Fig. 5.3. Medindo o lado da pirâmide.

De qualquer forma, se tomamos como exemplo a pirâmide de Quéops, que tem base de comprimento igual a 931,22 m, e dividirmos esse número por duas vezes a altura da pirâmide, o resultado será 3,1416, que é, nada mais nada menos, o valor de π ou a razão entre a circunferência da base e o seu raio.

Capítulo 6

O Número e

O número **e**, chamado de neperiano, é um número irracional usado, entre outras situações, no cálculo de juros compostos.

Na figura 6.1, podemos ver as 100 primeiras casas decimais de e, também podemos ver que os decimais não seguem nenhum padrão de repetição: não há nenhuma fração que represente o valor de e.

2.71828182845904523536028747135266249775724709
9369995957496696762772407663035354759457138217
8525166427

Fig. 6.1. As primeiras cem casas decimais de e.

Para entendermos de "onde" o número e vem, podemos fazer a conta $\left(1+\frac{1}{n}\right)^n$, com n, sendo n a representação de números naturais que "ficam" cada vez maiores, conforme indicado a seguir.

- $n=1: \left(1+\frac{1}{n}\right)^n = \left(1+\frac{1}{n}\right)^1 = 2^1 = 2$
- $n=10: \left(1+\frac{1}{n}\right)^n = \left(1+\frac{1}{10}\right)^{10} = 1,1^{10} = 2,59374246$
- $n=10: \left(1+\frac{1}{n}\right)^n = \left(1+\frac{1}{10}\right)^{100} = 1,01^{100} = 2,704813829$
- $n=1000: \left(1+\frac{1}{n}\right)^n = \left(1+\frac{1}{1000}\right)^{100} = 1,001^{1000} = 2,7169233932$

Capítulo 7
Infinito

A palavra "infinito" aparece bastante em poesias, músicas e declarações de amor...

Aqui, vamos analisar o significado matemático dessa palavra. Para começar, precisamos explicar que infinito não é sinônimo de "número muito grande".

O saldo bancário de um empresário riquíssimo, a quantidade de grãos de areia em uma imensa praia paradisíaca, a população da China e os segundos contidos em 10.000 anos são números grandes, mas não infinitos.

O infinito não é contável e não é comparável com qualquer número, por maior que seja esse número. Por exemplo, podemos dizer que 1 bilhão é maior do que 1 milhão, porém não podemos dizer que 1 bilhão é infinito. Podemos continuar, dizendo que 1 trilhão é maior do que 1 bilhão, porém não podemos dizer que 1 trilhão é infinito. Podemos fazer uma imagem de que o infinito nunca é atingido.

Vamos ver um exemplo de como a matemática do infinito é, digamos, estranha... Considerando todas as possíveis casas depois da vírgula, podemos escrever infinitos números entre 1 e 2. Pensando assim, também podemos escrever infinitos números entre 1 e 3. Mas o conjunto de infinitos números entre 1 e 3 é maior do que o conjunto de infinitos números entre 1 e 2. Ou seja, "alguns infinitos" podem ser maiores do que "outros infinitos".

Outro exemplo é o seguinte: imagine um plano (com infinitos pontos) e uma reta (com infinitos pontos) contida nesse plano. Se retirarmos essa reta (com seus infinitos pontos) do plano, ainda restarão infinitos pontos no plano sem a reta!

Capítulo 8

Potências de 10 e Representação de Valores

Muitas vezes, temos de lidar com valores extremamente grandes ou extremamente pequenos e, para escrevê-los, é mais confortável usarmos a notação em potência de 10, conforme mostrado nos dois exemplos abaixo.

Exemplo 1

O diâmetro de Júpiter, o maior planeta do sistema solar, é 143 milhões de metros, ou seja, 143.000.000 metros. Como o valor 143.000.000 é igual a 143 vezes 1.000.000 e 1.000.000 equivale a 10 elevado a sexta (10^6), então o diâmetro de Júpiter pode ser representado pelas seguintes potências de 10: $143x10^6$ m ou $1,43x10^8$ m.

Exemplo 2

A velocidade média de crescimento de um fio de cabelo é de 0,0000003 centímetros por segundo, ou seja, 0,0000003 cm/s. Como o valor 0,0000003 é igual a 3 vezes 0,0000001 e 0,0000001 equivale a 10 elevado a menos sete (10^{-7}), então a velocidade média de crescimento de um fio de cabelo pode ser representada pela seguinte potência de 10: $3x10^{-7}$ cm/s.

A seguir, mostramos os **valores aproximados** de algumas grandezas escritos sem e com o auxílio de potências de 10.

- Número de linhas de celulares no Brasil em 2012: 300.000.000 ou $3x10^8$.
- População da China em 2012: 1,4 bilhões ou 1.400.000.000 ou $1,4x10^9$.
- Quantidade de idiomas falados na Terra em 2012: 6,7 mil ou 6.700 ou $6,7x10^3$.
- Massa do Sol: 2.000.000.000.000.000.000.000.000.000.000 kg ou $2x10^{30}$ kg.
- Massa da Terra: 6.000.000.000.000.000.000.000.000 kg ou $6x10^{24}$ kg.

- Diâmetro do Sol: 1.400.000.000 m ou $1,4 \times 10^{9}$ m.
- Diâmetro da Terra: 13.000.000 m ou $1,3 \times 10^{7}$ m.
- Área total dos cinco continentes: 150.000.000.000.000 m^2 ou $1,5 \times 10^{14}$ m^2.
- Área total dos oceanos: 360.000.000.000.000 m^2 ou $3,6 \times 10^{14}$ m^2.
- Pressão atmosférica no nível do mar: 100.000 Pa ou 1×10^{5} m^2 Pa.
- Profundidade média dos oceanos: 3.800 m ou $3,8 \times 10^{3}$ m.
- Quantidade de segundos em um ano: 31.000.000 s ou $3,1 \times 10^{7}$ s.
- Número de átomos no universo: 300.000.000.000.000.000.000.000.000.000.000.000.000.000.000.000.000.000.000.000.000.000.000.000.000 ou 3×10^{74}.
- Diâmetro de um fio de cabelo humano: 0,0001 m ou 1×10^{-4} m.
- Diâmetro de um átomo típico: 0,0000000001 m ou 1×10^{-10} m.
- Diâmetro do próton: 0,000000000000002 m ou 2×10^{-15} m.
- Massa de uma gota de chuva: 0,000002 kg ou 2×10^{-6} kg.
- Massa do próton: 0,0000000000000000000000000017 kg ou $1,7 \times 10^{-27}$ kg.
- Massa do elétron: 0,00000000000000000000000000000091 kg ou $9,1 \times 10^{-31}$ kg.

Capítulo 9

O Último Teorema de Fermat

Quem foi Fermat e qual é o seu tão falado último teorema?

Pierre de Fermat (Beaumont de Lomagne, 1601 — Castres, 1665), chamado de "Príncipe dos Amadores" (figura 9.1), estudou Direito na Universidade Orléans e foi advogado e oficial do governo em Toulouse, na França.

Figura 9.1. Pierre de Fermat.

Embora Fermat não tenha se dedicado formalmente à Matemática como principal atividade profissional, ele é considerado um dos maiores matemáticos de seu tempo e muito lembrado pelo Último Teorema de Fermat, enunciado no quadro abaixo.

Vamos analisar a equação $x^n+y^n=z^n$ para n igual a 1 (n=1). Nesse caso, ficamos com $x^1+y^1=z^1$ ou apenas x+y=z. Há muitas soluções inteiras, ou seja, muitas combinações de números inteiros a serem "colocados" em x, em y e em z de modo que a soma de x com y resulte em z. Vejamos, no quadro 9.1, algumas dessas possibilidades.

Último Teorema de Fermat

A equação $x^n+y^n=z^n$ não tem solução inteira não nula para $n>2$.

Quadro 9.1. Algumas possibilidades de soluções inteiras para $x^1+y^1=z^1$.

x	y	z
1	1	1
1	2	3
7	5	12
25	2	27
33	50	83

Agora, vamos analisar a equação $x^n+y^n=z^n$ para n igual a 2 ($n=2$). Nesse caso, ficamos com $x^2+y^2=z^2$. Há muitas soluções inteiras, ou seja, muitas combinações de números inteiros a serem "colocados" em x, em y e em z de modo que a soma de x ao quadrado com y ao quadrado resulte em z ao quadrado. Podemos ver, no quadro 9.2, algumas dessas possibilidades.

Quadro 9.2. Algumas possibilidades de soluções inteiras para $x^2 + y^2 = z^2$.

x	y	z
3	4	5
5	12	13
7	24	25
8	15	17
9	40	41

Finalmente, vamos analisar a equação $x^n+y^n=z^n$ para n igual a 3 ($n=3$). Nesse caso, ficamos com $x^3+y^3=z^3$. Segundo o Último Teorema de Fermat, essa equação não tem nenhuma solução inteira, ou seja, não há combinações de números inteiros a serem "colocados" em x, em y e em z de modo que a soma de x ao cubo com y ao cubo resulte em z ao cubo.

Isso também é válido para todos os outros valores de n maiores do que 2. Para maior ou igual a 3, a equação $x^n+y^n=z^n$ não tem nenhuma solução inteira. A esse respeito, Fermat escreveu o seguinte: "*Descobri uma demonstração realmente memorável, mas esta margem é muito pequena para contê-la*". Somente em 1993, o matemático Inglês Andrew Wiles apresentou uma prova para esse teorema.

Capítulo 10
Progressão Aritmética (PA)

Parece natural pensarmos em vários números que "surgem", um depois do outro, seguindo uma regra do tipo "some algum valor a um número para obter o próximo número". A sequência dos números pares (2, 4, 6, 8, 10, 12, 14...) é um exemplo dessa regra: sempre somamos 2 a um número para obtermos o próximo da lista.

Uma sequência que obedece a esse padrão de construção é chamada de Progressão Aritmética, conhecida por suas iniciais (PA). Para entendermos melhor a PA, vamos completar a sequência de números do quadro 10.1.

Quadro 10.1. Sequência incompleta de números.

1º termo	2º termo	3º termo	4º termo	5º termo	6º termo	7º termo	8º termo
3	5	7	9	11	13	?	?

Se observarmos o tipo de variação que gerou os seis primeiros termos da sequência, vemos que, para conseguirmos o 2º termo, devemos somar 2 ao 1º termo (5=3+2); para conseguirmos o 3º termo, devemos somar 2 ao 2º termo (7=5+2); para conseguirmos o 4º termo, devemos somar 2 ao 3º termo (9=7+2); e assim por diante.

De acordo com esse procedimento, o 7º termo é obtido pela soma de 2 ao 6º termo, ou seja, o 7º termo é 15, pois 13+2=15. De modo similar, o 8º termo é obtido pela soma de 2 ao 7º termo, ou seja, o 8º termo é 17, pois 15+2=17. Assim, a sequência completa com oito termos é a mostrada no quadro 10.2.

Quadro 10.2. Sequência completa de números.

1º termo	2º termo	3º termo	4º termo	5º termo	6º termo	7º termo	8º termo
3	5	7	9	11	13	15	17

O tipo de sequência do quadro 10.2, em que um número é obtido pela soma de certa quantidade "fixa" ao seu antecessor, é a PA. Essa quantidade fixa é a razão da PA e o 1º termo é conhecido como termo inicial.

Por exemplo, a sequência 10, 40, 70, 100, 130... é uma PA de termo inicial 10 e razão 30 e a sequência 20, 18, 16, 14, 12,... é uma PA de termo inicial 20 e razão -2.

Capítulo 11

Progressão Geométrica (PG)

Para entendermos o que é a Progressão Geométrica, conhecida por suas iniciais (PG), vamos completar a sequência de números do quadro 11.1.

Quadro 11.1. Sequência incompleta de números.

1º termo	2º termo	3º termo	4º termo	5º termo	6º termo	7º termo	8º termo
3	6	12	24	48	96	?	?

O tipo de variação que gerou os termos da sequência, indica que, para conseguirmos o 2º termo, devemos multiplicar o 1º termo por dois (6=3x2); para conseguirmos o 3º termo, devemos multiplicar o 2º termo por dois (12=6x2); para conseguirmos o 4º termo, devemos multiplicar o 3º termo por dois (24=12x2); e assim por diante.

De acordo com esse procedimento, o 7º termo é obtido pela multiplicação do 6º termo por dois, ou seja, o 7º termo é 192, pois 96x2=192. De modo similar, o 8º termo é obtido pela multiplicação do 7º termo por dois, ou seja, o 8º termo é 384, pois 192x2=384. Assim, a sequência completa com oito termos é a mostrada no quadro 11.2.

Quadro 11.2. Sequência completa de números.

1º termo	2º termo	3º termo	4º termo	5º termo	6º termo	7º termo	8º termo
3	6	12	24	48	96	192	384

O tipo de sequência do quadro 11.2 em que um número é obtido pela multiplicação de certa quantidade “fixa” ao seu antecessor, é a PG. Essa quantidade fixa é a razão da PG e o 1º termo é conhecido como termo inicial.

Por exemplo, a sequência 10, 300, 9000, 270000... é uma PA de termo inicial 10 e razão 30 e a sequência 20, -40, 80, -160, 320,... é uma PA de termo inicial 20 e razão -2.

Capítulo 12
Logaritmo

Muitas pessoas, mesmo depois de concluírem o Ensino Médio, ainda se perguntam sobre o significado do logaritmo... Com o exemplo a seguir, esse conceito vai ficar claro.

Se perguntarmos o significado de "dois elevado ao cubo", indicado por 2^3, basta multiplicarmos o número dois "por ele mesmo" três vezes. Ou seja, $2^3 = 2.2.2 = 8$.

Poderíamos inverter a pergunta: devemos elevar dois a qual expoente (potência) para obtermos 8 como resultado? Pela conta que já fizemos, sabemos que esse expoente é o número 3.

Essa operação matemática é representada pelo seguinte logaritmo:

log2 8 = 3, pois 23 = 8.

A apresentação acima é lida como "o logaritmo de 8 na base 2 é igual a 3".

Quando usamos o logaritmo na base 10, em geral não indicamos explicitamente essa base, conforme exemplificado a seguir.

$$\log_{10} 100 = \log 100 = 2, \text{pois } 10^2 = 100.$$

$$\log_{10} 10000 = \log 10000 = 4, \text{pois } 10^4 = 10000.$$

Há logaritmos que não resultam em números inteiros. Por exemplo, o logaritmo de 8 na base 3, ou seja $\log_3 8$, é aproximadamente igual a 1,893. Para obtermos esse valor, em geral usamos a calculadora.

Os logaritmos são usados na resolução de problemas na Matemática Financeira, na Astronomia, na Química, na Física e na Biologia.

Capítulo 13
Juros Simples

Vamos supor que você faça, neste momento, uma aplicação de $10.000,00 em um produto bancário que trabalhe com taxa de juros simples de 2% ao mês. Como 2% de $10.000,00 são $200,00, se você fizer uma retirada total apenas ao final do

- primeiro mês, ficará com $10.200,00, ou seja, com os $10.000,00 aplicados inicialmente mais o rendimento de $200,00 referente a um mês de aplicação;
- segundo mês, ficará com $10.400,00, ou seja, com os $10.000,00 aplicados inicialmente mais o rendimento de $400,00 referente a dois meses de aplicação;
- terceiro, ficará com $10.600,00, ou seja, com os $10.000,00 aplicados inicialmente mais o rendimento de $600,00 referente a três meses de aplicação e assim por diante.

Para esse exemplo, se chamarmos de n o tempo, em meses, que você deixa os $10.000,00 aplicados à taxa de juros simples de 2% a.m. (ao mês), ou seja, rendendo $200,00 por mês, o rendimento (juros) J ao final dos n meses é a multiplicação de $200,00 por n ($J = 200 \cdot n$) e o montante M que pode ser resgatado ao final dos n meses é a soma dos $10.000,00 aplicados com o rendimento obtido ($M = 10.000 + J$). No quadro 13.1, temos os rendimentos e os montantes disponíveis ao final dos oito primeiros meses.

Quadro 13.1. Exemplo de juros simples.

Aplicação de $10.000,00 à taxa de juros simples de 2% a.m. (rendendo $200,00 por mês)		
Tempo de aplicação (n)	Rendimento (juros) J ao final dos n meses ($J = 200 \cdot n$)	Montante M que pode ser resgatado ao final dos n meses ($M = 10.000 + J$)
1 mês	$200,00	$10.200,00
2 meses	$400,00	$10.400,00
3 meses	$600,00	$10.600,00

4 meses	\$800,00	\$10.800,00
5 meses	\$1.000,00	\$11.000,00
6 meses	\$1.200,00	\$11.200,00
7 meses	\$1.400,00	\$11.400,00
8 meses	\$1.600,00	\$11.600,00

Podemos deixar a situação mais geral ainda, indicando o valor aplicado (capital) pela letra C; a taxa de juros simples, por período, pela letra i; e o rendimento por período (juros por período), pela letra j.

O rendimento por período (juros por período) é $J = C \cdot i$.

O rendimento (juros) J ao final dos n meses é $(J = C \cdot i \cdot n)$.

O montante M que pode ser resgatado ao final dos n períodos é $M = C + C \cdot i \cdot n$.

Vejamos, a seguir, um exemplo de juros simples.

> Se você aplicar o valor inicial (capital) de \$6.000,00 em uma caderneta de poupança que opere com taxa de juros simples de 0,5% a.m. (ao mês) e não fizer retiradas, qual será o seu saldo (montante) depois de 10 anos?

Nesse caso, o valor aplicado (capital) é C = \$6.000,00 e a taxa de juros simples ao mês é i = 0,005, pois 0,5% equivale a 0,5 dividido por 100 (0,5/100 = 0,005).

Queremos calcular o seu saldo (montante) M depois de 10 anos da data da aplicação dos \$6.000,00. Logo, o período de aplicação é n = 120 meses, pois, como 1 ano tem 12 meses, então 10 anos tem 120 meses.

O rendimento (juros) J ao final dos 120 meses é \$3.600,00, pois $J = C \cdot i \cdot n = 6.000 \cdot 0,005.120 = 3.600$.

O saldo (montante) M dessa conta, supondo que não houve retiradas no período considerado, é \$9.600,00, visto que é a soma do que foi inicialmente aplicado (\$6.000,00) com o rendimento obtido nos 120 meses (\$3.600,00), ou seja, $M = C + C \cdot i \cdot n = 6.000 + 6000 \cdot 0,005 \cdot 120 = 9.600$.

Capítulo 14
Juros Compostos

Vamos supor que você faça, neste momento, uma aplicação de \$10.000,00 em um produto bancário que trabalhe com taxa de juros compostos igual a 2% ao mês.

Como 2% de \$10.000,00 são \$200,00, se você fizer uma retirada total ao final do primeiro mês, terá \$10.200,00, ou seja, os \$10.000,00 aplicados inicialmente mais o rendimento de \$200,00 referente a um mês de aplicação.

Se você fizer uma retirada total apenas ao final do segundo mês, terá \$10.404,00, ou seja, os \$10.200,00 do mês anterior mais o rendimento de \$204,00, referente ao segundo mês de aplicação e calculado como 2% de \$10.200,00 (e não como 2% de \$10.000,00).

Se você fizer uma retirada total apenas ao final do terceiro mês, terá \$10.612,08, ou seja, os \$10.404,00 do mês anterior mais o rendimento de \$208,08, referente ao terceiro mês de aplicação e calculado como 2% de \$10.404,00 (e não como 2% de \$10.000,00).

Pensando de modo bastante geral, vamos fazer o seguinte: indicar o valor aplicado (capital) pela letra C; a taxa de juros compostos, por período, pela letra i; a quantidade de períodos de aplicação, pela letra n; e o montante ("valor final") ao final dos n períodos, pela letra M.

O montante M que pode ser resgatado ao final dos n períodos é a multiplicação do capital C aplicado pela soma da taxa de juros com 1 elevada a n, ou seja, $M = C(1 + i)^n$.

Vejamos, a seguir, um exemplo de juros simples.

> Se você aplicar o valor inicial (capital) de \$6.000,00 em um produto bancário que opere com taxa de juros compostos de 2% a.m. (ao mês) e não fizer retiradas, qual será o seu saldo (montante) depois de 3 anos?

Nesse caso, o valor aplicado (capital) é C=\$6.000,00 e a taxa de juros compostos ao mês é i=0,02, pois 2% equivalem a 2 dividido por 100 (2/100 = 0,02).

Queremos calcular o seu saldo (montante) M depois de 3 anos da data da aplicação dos $6.000,00. Logo, o período de aplicação é n=36 meses, pois como 1 ano tem 12 meses, 3 anos tem 36 meses.

O saldo (montante) M dessa conta, supondo que não houve retiradas no período considerado, é $12.239,32, pois $M = C(1 + i)^n = 6000 \cdot (1 + 0,2)^{36} = 12239,32$.

Somente para fazermos uma comparação, se o mesmo capital C=$6.000,00 do exemplo anterior fosse aplicado à taxa de juros simples de 2% ao mês (i=0,02) no período de 3 anos ou 36 meses (n=36), o saldo (montante) M dessa conta, supondo que não houve retiradas no período considerado, seria de $10.320,00, pois, nesse caso, teríamos $M = C + C \cdot i \cdot n = 6000 + 6000 \cdot 0,02 \cdot 36 = 10320$.

Capítulo 15

Percentuais e Variações Percentuais

Imagine que o seu salário seja equivalente a 2.000 dólares e que mensalmente, desse valor, você aplique 500 dólares em uma caderneta de poupança. Qual é o percentual do seu salário que é investido mensalmente nessa aplicação?

Para responder a essa pergunta, temos de calcular o quanto, percentualmente, 500 dólares representam de 2.000 dólares. Isso é feito dividindo 500 por 2.000 e multiplicando o resultado dessa divisão por 100%, ou seja,

$$\frac{500}{2.000} x100\% = 0,25x100\% = 25\%.$$

Logo, você investe, mensalmente, 25% do seu salário um uma caderneta de poupança.

Imagine que o salário do seu chefe seja equivalente a 8.000 dólares e que mensalmente, desse valor, ele aplique 2.000 dólares em uma caderneta de poupança. Qual é o percentual do salário do seu chefe que é investido mensalmente nessa aplicação?

De maneira semelhante ao que já fizemos, temos de calcular o quanto, percentualmente, 2.000 dólares representam de 8.000 dólares. Isso é feito dividindo 2.000 por 8.000 e multiplicando o resultado dessa divisão por 100%, ou seja,

$$\frac{2.000}{8.000} x100\% = 0,25x100\% = 25\%.$$

Logo, seu chefe investe, mensalmente, 25% do salário dele um uma caderneta de poupança.

Percebemos que 25% referem-se tanto a 500 em 2.000 como a 2.000 em 8.000.

E se o seu chefe investisse apenas 500 dólares do salário mensal de 8.000

dólares em poupança? Nesse caso, ele estaria investindo somente 6,25% do salário dele em poupança, pois

$$\frac{500}{8.000}x100\% = 0,0625x100\% = 6,25\%.$$

Agora, vamos pensar em variações percentuais.

Vamos supor que você receba 1.000 dólares de aumento, fazendo com que o seu salário passe dos "antigos" 2.000 dólares para os "atuais" 3.000 dólares. Qual foi o aumento percentual de salário que você obteve?

Para responder a essa pergunta, temos de calcular o quanto, percentualmente, a variação salarial de 1.000 dólares representa em 2.000 dólares. Isso é feito dividindo 1.000 por 2.000 e multiplicando o resultado dessa divisão por 100%, ou seja, $\frac{1.000}{2.000}x100\% = 0,5x100\% = 50\%.$ Logo, você obteve 50% de aumento em relação ao salário "antigo".

Vamos supor que o seu chefe receba 1.000 dólares de aumento, fazendo com que o salário dele passe dos "antigos" 8.000 dólares para os "atuais" 9.000 dólares. Qual foi o aumento percentual de salário que o seu chefe obteve?

Temos de calcular o quanto, percentualmente, a variação salarial de 1.000 dólares representa em 8.000 dólares. Isso é feito dividindo 1.000 por 8.000 e multiplicando o resultado dessa divisão por 100%, ou seja,

$$\frac{1.000}{8.000}x100\% = 0,125x100\% = 12,5\%.$$

Logo, o seu chefe obteve 12,50% de aumento em relação ao salário "antigo".

Veja que o mesmo aumento absoluto de salário de 1.000 dólares representa diferentes aumentos percentuais no seu salário e no salário do seu chefe. Isso porque 1.000 representam metade (50%) de 2.000, mas representam bem menos do que a metade (12,5%) de 8.000.

Capítulo 16
Proporções

Para facilitar o entendimento das proporções, vamos estudar esse tópico por meio de três exemplos, chamados de "elefantes desenhados em retângulos" (exemplo 1), "taxas médias de homicídios nos continentes" (exemplo 2) e "vendas de canetas na papelaria Magno e na papelaria Libris" (exemplo 3).

Exemplo 1. Elefantes desenhados em retângulos.

Imagine que você tenha desenhado cinco elefantes nos cinco retângulos mostrados na figura 16.1, com um elefante em cada retângulo. Dizemos que há a proporção de um elefante para um retângulo, ou seja, proporção de "um para um".

Figura 16.1. Cinco elefantes em cinco retângulos, com um elefante em cada retângulo.

Agora, vamos observar as situações mostradas nas figuras 16.2 e 16.3 e responder à seguinte pergunta: em qual dessas situações há a mesma proporção exposta na figura 16.1?

Figura 16.2. Três elefantes em três retângulos, com um elefante em cada retângulo.

Figura 16.3. Dez elefantes em cinco retângulos, com dois elefantes em cada retângulo.

Na figura 16.2, temos três elefantes em três retângulos, com um elefante em cada retângulo. Logo, nesse caso, mantivemos a proporção indicada na figura 16.1 de um elefante para um retângulo, ou seja, proporção de "um para um".

Já na figura 16.3, temos dez elefantes em cinco retângulos, com dois elefantes em cada retângulo. Logo, nesse caso, duplicamos a proporção indicada na figura 16.1 e ficamos com dois elefantes para um retângulo, ou seja, proporção de "dois para um".

Podemos também expressar a ideia de proporção presente nas figuras por meio do quadro 16.1. Na primeira coluna, há propostas de número de retângulos e, na segunda e na terceira colunas, as respectivas quantidades de elefantes nos casos de proporção de um elefante para cada retângulo ("um para um") e de proporção de dois elefantes para cada retângulo ("dois para um").

Quadro 16.1. Número de retângulos e número de elefantes (quadro).

Número de retângulos	Número de elefantes na proporção de "um para um"	Número de elefantes na proporção de "dois para um"
1	1	2
2	2	4
3	3	6
4	4	8
5	5	10

As associações de valores mostradas no quadro 16.1 podem ser representadas no gráfico da figura 16.4. Verificamos que na situação de proporção "dois para um", representada por quadrados, os pontos que relacionam o número de retângulos com o número de elefantes estão alinhados segundo uma reta mais inclinada para esquerda do que na situação de proporção "um para um", representada por triângulos.

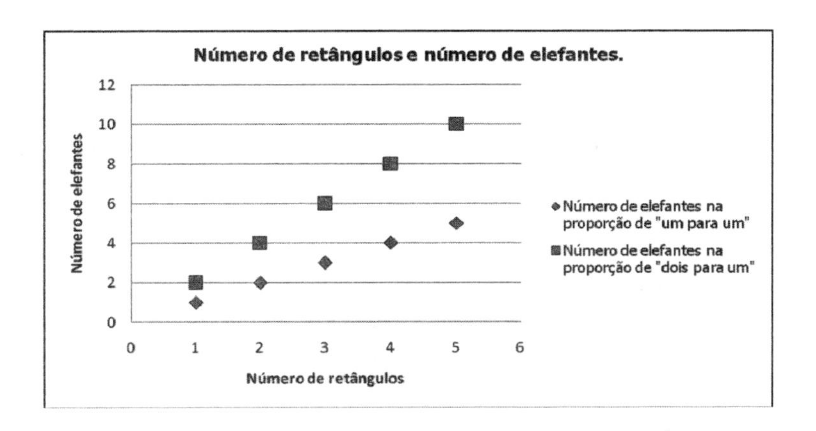

Figura 16.4. Número de retângulos e número de elefantes (gráfico).

Exemplo 2. Taxas médias de homicídios nos continentes.

Vamos ver outro exemplo que envolve proporções pelo levantamento feito em 2012, por uma agência da Organização das Nações Unidas (ONU), o Escritório das Nações Unidas sobre Drogas e Crime (UNODC).

Segundo esse estudo, as taxas médias de homicídios por 100 mil pessoas nos cinco continentes são as mostradas no quadro 16.2. Nesse quadro, as taxas estão listadas em ordem decrescente, ou seja, começando com o continente que apresenta a maior taxa (a África, com 17,0 homicídios para cada 100.000 pessoas) e terminando com o continente que apresenta a menor taxa (a Oceania, com 2,9 homicídios para cada 100.000 pessoas).

Quadro 16.2. Taxas médias de homicídios, em 2012, por 100 mil pessoas.

Continente	Taxa média de homicídios por 100.000 pessoas
África	17,0
América	15,4
Europa	3,5
Ásia	3,1
Oceania	2,9

Fonte. *Homicide Statistics 2012*. **UNODC.**

As taxas também guardam a ideia de proporção: se tomarmos um grupo de 100.000 pessoas do continente europeu, verificamos a média de 3,5 casos de homicídios em 2012. Mas como é possível haver três homicídios mais "meio homicídio"? Na prática, não há sentido falarmos em um número não inteiro de homicídios. Na realidade, há muito mais do que 100.000 pessoas na Europa, o que resulta em número "não quebrado" de homicícios.

Por exemplo, em 2012, na Europa, houve a média de 7 casos de homicídios em um grupo de 200.000 pessoas ou a média de 35 casos de homicídios em um grupo de 1.000.000 (um milhão) de pessoas. Esses números de homicídios foram obtidos a partir da ideia de que se a taxa média de homicídios é de 3,5 casos para cada 100.000 pessoas, mantida essa proporção, tomando um grupo com o dobro de pessoas (200.000), temos o dobro de casos de homicídios (7, que é o dobro de 3,5) e tomando um grupo com "dez vezes" o número de pessoas (1.000.000), temos "dez vezes" o número de casos de homicídios (35, que é "dez vezes" 3,5).

Se considerarmos as populações dos continentes em 2012, mostradas no quadro 16.3, podemos, por meio da ideia de proporção que existe na taxa média de homicídios por 100.000 habitantes, calcular o número total de homicídios que ocorreram nas regiões em estudo.

Quadro 16.3. Populações dos continentes em 2012 (valores aproximados).

Continente	População (valores aproximados)
África	990.000.000
América	940.000.000
Europa	700.000.000

Ásia	4.100.000.000
Oceania	40.000.000

O número total de homicídios que ocorreram em cada um dos continentes em 2012 é obtido pela seguinte "conta": divide-se a taxa média de homicídios por 100.000 (visto que ela refere-se a essa base) e multiplica-se o resultado pela população do continente. Esse cálculo está indicado no quadro 16.4.

Quadro 16.4. Número total de homicídios, em 2012.

Continente	Taxa média de homicídios por 100.000 pessoas	População (valores aproximados)	Número total de homicídios (valores aproximados pelo cálculo)
África	17	990.000.000	(17/100.000)x990.000 = 168.300
América	15,4	940.000.000	(15,4/100.000)x940.000 = 144.760
Europa	3,5	700.000.000	(3,5/100.000)x700.00 = 24.500
Ásia	3,1	4.100.000.000	(3,1/100.000)x4.100.00 = 127.100
Oceania	2,9	40.000.000	(2,9/100.000)x40.000.000 = 1.160

Pelo quadro 16.4, observamos que, em 2012, embora a taxa de homicídios na Europa (3,5 para cada 100.000 pessoas) tenha sido maior do que na Ásia (3,1 para cada 100.000 pessoas), o número total de homicídios na Ásia foi maior do que na Europa, em virtude do fato de a população do continente asiático ser bem maior do que a do continente europeu.

Exemplo 3. Vendas de canetas na papelaria Magno e na papelaria Libris.

Finalmente, podemos estudar conjuntamente dois casos: um em que há a ideia de proporção e outro em que não há essa ideia.

Imagine que a papelaria Magno venda canetas pelo preço unitário de $ 3,00, independentemente do número de canetas que o cliente compre.

Já a papelaria Libris vende canetas do seguinte modo:

- pelo preço de $ 4,80, se o cliente comprar uma caneta;
- pelo preço unitário de $ 4,20, se o cliente comprar duas ou três canetas;
- pelo preço unitário de $ 3,20, se o cliente comprar quatro ou cinco canetas;

- pelo preço unitário de $ 2,80, se o cliente comprar de seis ou sete canetas;
- pelo preço unitário de $ 2,20, se o cliente comprar de oito ou nove canetas e;
- pelo preço unitário de $ 1,50, se o cliente comprar dez ou mais canetas.

No quadro 16.5, há simulações dos valores totais gastos pelo cliente para várias quantidades de canetas compradas nas papelarias Magno e Libris.

Quadro 16.5. Número de canetas compradas e valor gasto pelo cliente (quadro).

Número de canetas	Valor gasto ($) na papelaria Magno	Valor gasto ($) na papelaria Libris
1	3	6
2	6	8,4
3	9	12,6
4	12	12,8
5	15	16
6	18	16,8
7	21	19,6
8	24	17,6
9	27	19,8
10	30	15
11	33	16,5
12	36	18

Na figura 16.5, há a expressão gráfica das associações presentes no quadro 16.5.

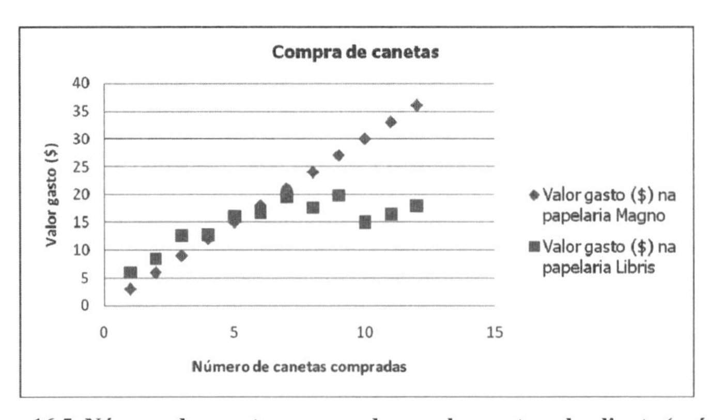

Figura 16.5. Número de canetas compradas e valor gasto pelo cliente (gráfico).

O gráfico é uma boa ferramenta para visualizarmos duas situações distintas: a da livraria Magno, na qual o valor total pago pelo cliente é proporcional ao número de canetas compradas, e a da livraria Libris, na qual o valor total pago pelo cliente não é proporcional ao número de canetas compradas.

Capítulo 17
Probabilidades

A probabilidade P de "algo acontecer", como ganhar na loteria, pode ser definida como o "o número de casos favoráveis ao acontecimento" divido pelo "número total de casos possíveis", conforme indicado a seguir.

$$P = \text{Probabilidade de algo acontecer} = \frac{\text{número de casos favoráveis ao acontecimento}}{\text{número total de casos possíveis}}$$

Veja que, como o número total de casos possíveis é maior ou igual ao número de casos favoráveis ao acontecimento, o resultado da divisão mostrada na "fórmula" acima é um número entre 0 e 1. Logo, a probabilidade P é um valor situado entre 0 até 1.

Se multiplicarmos a probabilidade P por 100, temos o resultado expresso em termos de percentual (%).

Para termos uma ideia de valores de probabilidades, vamos ver, a seguir, exemplos de dois jogos de loteria muito populares no Brasil: a Mega Sena e a Quina.

Mega Sena

Segundo o site da Caixa Econômica Federal (www.caixa.gov.br), temos o seguinte:

"A Mega Sena é a loteria que paga milhões para o acertador dos 6 números sorteados. Mas quem acerta 4 ou 5 números também ganha. Para realizar o sonho de ser o próximo milionário, você deve marcar de 6 a 15 números, entre os 60 disponíveis no volante. Você pode deixar que o sistema escolha os números para você (Surpresinha) e/ou concorrer com a mesma aposta por 2, 4 ou 8 concursos consecutivos (Teimosinha)"

Disponível em http://www1.caixa.gov.br/loterias/loterias/megasena/probabilidades.asp. Acesso em 04 jan. 2014.

Na figura 17.1, temos as probabilidades de acertos dependendo da quantidade de números jogados.

PROBABILIDADE DE ACERTO NA MEGA-SENA

Quantidade Nº Jogados	Probabilidade de acerto (1 em...)		
	Sena	Quina	Quadra
6	50.063.860	154.518	2.332
7	7.151.980	44.981	1.038
8	1.787.995	17.192	539
9	595.998	7.791	312
10	238.399	3.973	195
11	108.323	2.211	129
12	54.182	1.317	90
13	29.175	828	65
14	16.671	544	48
15	10.003	370	37

Figura 17.1. Probabilidades de acertos na Mega Sena.
Disponível em <http://www1.caixa.gov.br/loterias/loterias/megasena/probabilidades.asp>. Acesso em 04 jan. 2014 (com adaptações).

Se fizermos as contas da figura 17.1, as probabilidades de acertarmos a Sena na Mega Sena, em termos numéricos e percentuais, são as apresentadas no quadro 17.1.

Quadro 17.1. Probabilidades de acertarmos a Sena.

Quantidade de números jogados	**Probabilidade de acertar a Sena**	**Probabilidade percentual de acertar a Sena**
6	0,0000000200, pois 1/50.063.860=0,0000000200	0,00000200%
7	0,0000001398, pois 1/7.151.980=0,0000001398	0,00001398%
8	0,0000005593, pois 1/1.787.995=0,0000005593	0,00005593%
9	0,0000016779, pois 1/595.998=0,0000016779	0,00016779%
10	0,0000041946, pois 1/238.399=0,0000041946	0,00041946%
11	0,0000092316, pois 1/108.323=0,0000092316	0,00092316%
12	0,0000184563, pois 1/54.182=0,0000184563	0,00184563%
13	0,0000342759, pois 1/29.175=0,0000342759	0,00342759%
14	0,0000599844, pois 1/16.671=0,0000599844	0,00599844%
15	0,0000999700, pois 1/10.003=0,0000999700	0,00999700%

Observe que, mesmo com a maior quantidade possível de números jogados (ou seja, 15 números), a probabilidade de ganhar na Mega Sena é menos de 0,01%.

Quina

Segundo o site da Caixa Econômica Federal (www.caixa.gov.br), temos o seguinte:

"Na Quina, você aposta em 5, 6 ou 7 números, entre os 80 disponíveis, e concorre a prêmios de valores grandiosos. São 6 sorteios semanais: de segunda-feira a sábado, às 20h, e você ganha se acertar 3, 4 ou 5 números. Fique tranquilo que o sistema escolhe os números para você (Surpresinha), e/ ou você também pode concorrer com a mesma aposta por 3, 6, 12, 18 ou 24 concursos consecutivos (Teimosinha). Importante observar que na Quina, em cada aposta premiada, será pago apenas uma faixa de premiação, ou seja, a de maior quantidade de acerto"

Disponível em <http://www1.caixa.gov.br/loterias/loterias/quina/probabilidades.asp>. Acesso em 04 jan. 2014.

Na figura 17.2, temos as probabilidades de acertos dependendo da quantidade de números jogados.

PROBABILIDADE DE ACERTO NA QUINA			
Quantidade Nº Jogados	Probabilidade de acerto (1 em...)		
	Quina	Quadra	Terno
5	24.040.016	64.106	866
6	4.006.669	21.657	445
7	1.144.762	9.409	261

Figura 17.2. Probabilidades de acertos na Quina.
Disponível em <http://www1.caixa.gov.br/loterias/loterias/quina/probabilidades.asp>. Acesso em 04 jan. 2014 (com adaptações).

Se fizermos as contas da figura 17.2, as probabilidades de acertarmos a Quina, em termos numéricos e percentuais, são as apresentadas no quadro 17.2.

Quadro 17.2. Probabilidades de acertarmos a Quina.

Quantidade de números jogados	Probabilidade de acertar a Quina	Probabilidade percentual de acertar a Quina
5	0,0000000416, pois 1/24.040.016=0,0000000416	0,00000416%
6	0,0000002496, pois 1/4.006.669=0,0000002496	0,00002496%
7	0,0000008735, pois 1/1.144.762=0,0000008735	0,00008735%

Observe que, mesmo com a maior quantidade possível de números jogados (ou seja, 7 números), a probabilidade de ganhar na Quina é menos de 0,0001%.

Capítulo 18

Média, Mediana, Moda e Desvio Padrão

Suponha que John, um professor de Inglês, tenha acabado de corrigir o exame final aplicado à sua turma composta por 5 alunos (Ana, Bia, Bruno, Paula e Victor) e tenha resumido as notas dos estudantes no quadro 18.1.

Quadro 18.1. Notas da turma do John no exame final de Inglês.

Nome do aluno	Nota no exame final de Inglês
Ana	10
Bia	8
Bruno	3
Paula	2
Victor	7

Se John quiser saber sobre a situação geral da turma no exame, e não de cada um dos alunos em particular, o que ele poderia fazer?

Uma das sugestões seria John calcular a nota **média** da turma ou, simplesmente, a média das notas.

Como ele poderia fazer isso? Basta somar todas as notas e dividir o resultado dessa soma pelo número de alunos (no caso, 5), conforme indicado abaixo.

$$\text{Nota Média} = \frac{10+8+3+2+7}{5} = \frac{30}{5} = 6$$

Veja que a nota média da turma foi 6, embora nenhum dos alunos tenha obtido exatamente 6 no exame. Podemos pensar que, **se todos** os estudantes tivessem tirado a mesma nota, ela seria 6. Mas, voltando ao quadro 18.1, vemos isso não aconteceu!

De modo geral, podemos definir a média de um conjunto de dados numéricos como a soma de todos os valores dividida pela quantidade de elementos somados.

Outra sugestão para John saber sobre a situação geral da turma no exame, seria calcular a **moda** das notas, que é a nota que aparece mais vezes (nota mais frequente).

Se observarmos novamente o quadro 18.1, veremos que todas as notas são diferentes, ou seja, não há dois ou mais alunos com a mesma nota.

Quando as frequências dos valores observados (no caso, as notas) são todas iguais ou todas diferentes, dizemos que esse conjunto de valores não tem moda.

Uma última sugestão para John saber sobre a situação geral da turma no exame seria calcular a **mediana** das notas, que é o valor central quando escrevemos todas as observações em ordem crescente.

Se escrevermos as notas dos alunos de John da menor para a maior, temos o quadro 18.2, destacando que o valor central é a nota obtida por Victor. Ou seja, a mediana das notas vale 7 (nota do Victor).

Veja que a mediana é o valor que divide as observações em dois grupos: um com valores menores do que a mediana e outro com valores maiores do que a mediana.

Se o número de observações for par, a mediana é a média aritmética dos dois valores centrais.

Quadro 18.2. Notas da turma do John no exame final de Inglês (em ordem crescente).

Nome do aluno	Nota no exame final de Inglês
Paula	2
Bruno	3
Victor	7
Bia	8
Ana	10

Você pode estar se perguntando: devemos usar a média, a moda ou a mediana? Isso depende de cada situação.

Por exemplo, se você come duas barras de chocolate e sua irmã não come nenhuma, em média, cada pessoa comeu uma barra de chocolate... Certamente sua irmã não vai gostar de usar a média como um indicador do que realmente aconteceu.

Se o dono de uma loja de calçados tiver de reabastecer seu estoque, recomenda-se que ele use a moda como indicador, pois ele deve comprar mais sapatos da numeração mais frequente.

Se não tivéssemos visto as notas da tabela 18.1 e apenas fôssemos informados de que a nota média da turma de John é 6, seria possível sabermos que as notas eram todas diferentes, variando de 2 a 10? Claro que não!

Em resumo, a média "sozinha" não é suficiente para analisarmos o comportamento de um conjunto de valores. Geralmente, precisamos observar a **variabilidade** dos valores observados.

Se a variabilidade for zero, significa que o conjunto em estudo é formado por valores idênticos. Se todos os alunos da turma de John tivessem tirado 6 no exame, a variabilidade seria zero, mas, conforme mostrado no quadro 18.1, não foi isso que aconteceu. Na realidade, no caso das notas dos alunos de John, as notas variam entre si, ou seja, as notas dos alunos de John são dispersas.

Capítulo 19

Representações Gráficas

No quadro 19.1, temos a relação dos 60 países com os maiores valores de PIB (Produto Interno Bruto) per capita em 2011, segundo o FMI (Fundo Monetário Internacional).

Quadro 19.1. Sessenta países com os maiores valores de PIB per capita (2011).

Posição	País	PIB per capita (dólar)		Posição	País	PIB per capita (dólar)
1	Luxemburgo	113.533		28	Israel	31.986
2	Catar	98.329		29	Chipre	30.571
3	Noruega	97.255		30	Grécia	27.073
4	Suíça	81.161		31	Eslovênia	24.533
5	Emirados Árabes	67.008		32	Omã	23.315
6	Austrália	65.477		33	Bahamas	23.175
7	Dinamarca	59.928		34	Bahrein	23.132
8	Suécia	56.956		35	Coreia do Sul	22.778
9	Canadá	50.435		36	Portugal	22.413
10	Países Baixos	50.355		37	Malta	21.028
11	Áustria	49.809		38	Arábia Saudita	20.504
12	Finlândia	49.350		39	República Checa	20.444
13	Singapura	49.271		40	Taiwan	20.100
14	Estados Unidos	48.387		41	Eslováquia	17.644
15	Kuwait	47.982		42	Trinidad e Tobago	17.158
16	Irlanda	47.513		43	Estônia	16.583
17	Bélgica	46.878		44	Barbados	16.148
18	Japão	45.920		45	Guiné Equatorial	14.661
19	França	44.008		46	Croácia	14.457
20	Alemanha	43.742		47	Chile	14.278
21	Islândia	43.088		48	Hungria	14.050

22		Reino Unido	38.592		49		Uruguai	13.914
23		Nova Zelândia	36.648		50		Antígua e Barbuda	13.552
24		Brunei	36.584		51		Polônia	13.540
25		Itália	36.267		52		Lituânia	13.075
26		Hong Kong	34.049		53		Rússia	12.993
27		Espanha	32.360		54		Brasil	12.789
55		S. Cristóvão e Nevis	12.728		58		Argentina	10.945
56		Letônia	12.671		59		Cazaquistão	10.694
57		Seychelles	11.170		60		Gabão	10.654

Analisando o quadro 19.1, temos o que segue abaixo.

- Há 20 países com PIB per capita variando de 10.000 dólares até 20.000 dólares (Gabão, Cazaquistão, Argentina, Seychelles, Letônia, S. Cristóvão e Nevis, Brasil, Rússia, Lituânia, Polônia, Antígua e Barbuda, Uruguai, Hungria, Chile, Croácia, Guiné Equatorial, Barbados, Estônia, Trinidad e Tobago e Eslováquia).
- Há 11 países com PIB per capita variando de 20.000 dólares até 30.000 dólares (Taiwan, República Checa, Arábia Saudita, Malta, Portugal, Coreia do Sul, Bahein, Bahamas, Omã, Eslovênia e Grécia).
- Há 8 países com PIB per capita variando de 30.000 dólares até 40.000 dólares (Chipre, Israel, Espanha, Hong Kong, Itália, Brunei, Nova Zelândia e Reino Unido).
- Há 11 países com PIB per capita variando de 40.000 dólares até 50.000 dólares (Islândia, Alemanha, França, Japão, Bélgica, Irlanda, Kwait, Estados Unidos, Singapura, Finlândia e Áustria).
- Há 4 países com PIB per capita variando de 50.000 dólares até 60.000 dólares (Países Baixos, Canadá, Suécia e Dinamarca).
- Há 2 países com PIB per capita variando de 60.000 dólares até 70.000 dólares (Austrália e Emirados Árabes).
- Há 1 país com PIB per capita variando de 80.000 dólares até 90.000 dólares (Suíça).
- Há 2 países com PIB per capita variando de 90.000 dólares até 100.000 dólares (Noruega e Catar).

- Há 1 país com PIB per capita variando de 110.000 dólares até 120.000 dólares (Luxemburgo).

A classificação acima pode ser resumida na tabela 19.1.

Tabela 19.1. Quantidades de países por faixa de PIB per capita (2011).

PIB per capita em 2011 (dólares)	Quantidade de países
10000 a 20000	20
20000 a 30000	11
30000 a 40000	8
40000 a 50000	11
50000 a 60000	4
60000 a 70000	2
70000 a 80000	0
80000 a 90000	1
90000 a 100000	2
100000 a 110000	0
110000 a 120000	1
Total	**60**

A representação gráfica da tabela acima pode ser feita plotando as faixas de PIB per capita na horizontal e a quantidade de países na vertical, conforme mostrado na figura 19.1.

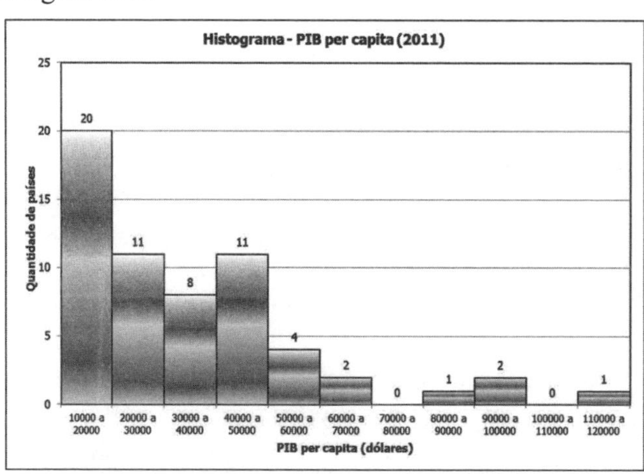

Figura 19.1. Representação gráfica (histograma) das quantidades de países por faixa de PIB per capita (2011).

Outro tipo de representação gráfica bastante utilizada é o gráfico de setores circulares. Vejamos o exemplo abaixo.

Suponha que cada pessoa de um grupo de 86 universitários tenha informado a um pesquisador sobre a quantidade de livros que leu no primeiro ano de curso. As respostas obtidas foram as mostradas abaixo e resumidas na tabela 19.2.

- 3 entrevistados leram 1 livro.
- 7 entrevistados leram 2 livros.
- 9 entrevistados leram 3 livros.
- 36 entrevistados leram 4 livros.
- 17 entrevistados leram 5 livros.
- 14 entrevistados leram 6 livros.

Tabela 19.2. Quantidades de livros e número de leitores.

Quantidade de livros	Número de leitores
1	3
2	7
3	9
4	36
5	17
6	14
Total	86

Para essa pesquisa, os percentuais relativos às leituras de 1, 2, 3, 4, 5 e 6 livros estão calculados a seguir e resumidos na tabela 19.3.

- 1 livro (3 pessoas em 86 pessoas): $percentual = \frac{3}{86} \cdot 100\% = 3{,}5\%$.
- 2 livros (7 pessoas em 86 pessoas): $percentual = \frac{7}{86} \cdot 100\% = 8{,}1\%$.
- 3 livros (9 pessoas em 86 pessoas): $percentual = \frac{9}{86} \cdot 100\% = 10{,}5\%$.
- 4 livros (36 pessoas em 86 pessoas): $percentual = \frac{36}{86}.100\% = 41{,}9\%$.
- 5 livros (17 pessoas em 86 pessoas): $percentual = \frac{17}{86}.100\% = 19{,}8\%$.

- 6 livros (14 pessoas em 86 pessoas): $percentual = \frac{14}{86}.100\% = 16,2\%$.

Tabela 19.3. Quantidade de livros e percentual de leitores.

Quantidade de livros	Percentual de leitores
1	3,5%
2	8,1%
3	10,5%
4	41,9%
5	19,8%
6	16,2%
Total	100%

A representação gráfica da tabela acima pode ser feita pelo gráfico de setores circulares da figura 19.2. Nesse gráfico, cada setor pode ser comparado a um pedaço de pizza. Pedaços menores correspondem a percentuais menores e pedaços maiores, a percentuais maiores. Ou seja, o tamanho de cada setor (pedaço) é proporcional ao percentual de leitores para dada quantidade de livros.

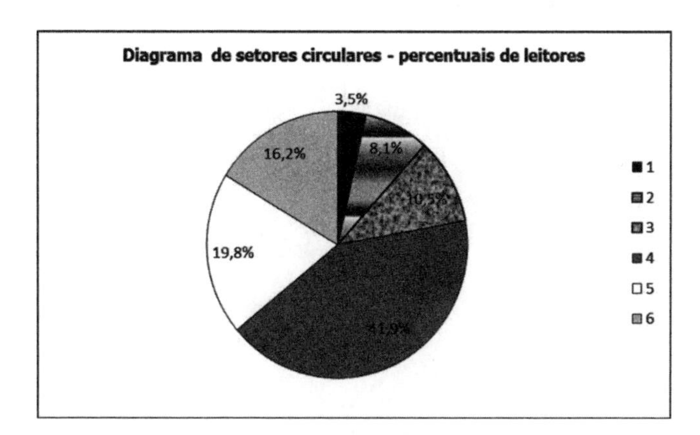

Figura 19.2. Representação gráfica (setores circulares) dos percentuais de leitores.

Capítulo 20

Função

Matematicamente, função é uma lei que relaciona números. Uma função é uma maneira de vincular números por uma regra, e não de modo aleatório.

Vejamos os exemplos da tabela 20.1 a seguir.

Tabela 20.1. Colunas 0, 1, 2 e 3.

Coluna 0 (x)	Coluna 1 (y)	Coluna 2 (z)	Coluna 3 (w)
0	0	3	0
1	2	4	67
2	4	5	23
3	6	6	0,08
4	8	7	254
5	10	8	1
6	12	9	7,89
7	14	10	1000

Vamos tomar a coluna 0 como referência e chamar um valor qualquer dessa coluna de x. O símbolo x não tem mais o valor de uma letra do alfabeto para a formação de palavras: pode ser os números 0 (x=0), 1 (x=1), 2 (x=2), 3 (x=3), 4 (x=4), 5 (x=5), 6 (x=6) ou 7 (x=7). O símbolo x é chamado de variável e, no caso da tabela em estudo, pode "receber" (assumir) os sete valores indicados, mas "um de cada vez".

Do mesmo modo que fizemos para a coluna 0, podemos associar os valores da coluna 1 com a variável y, os da coluna 2 com a variável z e os da coluna 3 com a variável w.

Se vincularmos, linha a linha, os valores de x da coluna 0 com os valores de y da coluna 1, facilmente verificamos que a regra de associação entre esses valores pode ser escrita assim: para obter um valor da coluna 1, "pegue" o valor da coluna 0 e multiplique-o por dois. Ou seja, se x for o número 4, y será o número 8 e apenas o número 8.

Essa relação pode ser representada por y=2.x. Esse meio de representação é mais "econômico" do que a tabela e, com poucos caracteres, informa que, dado um valor de x, calcula-se y duplicando esse valor. Como x é a variável de "partida", ela é chamada de variável independente. Como y é a variável de "chegada", ela é chamada de variável dependente.

Além da tabela e da equação, a regra de associação entre os valores das colunas 0 e 1 pode ser expressa graficamente. Para isso, usamos dois eixos: um horizontal, no qual localizamos os valores x, e um vertical, no qual localizamos os valores de y. Os resultados dessa associação são os losangos da figura 20.1.

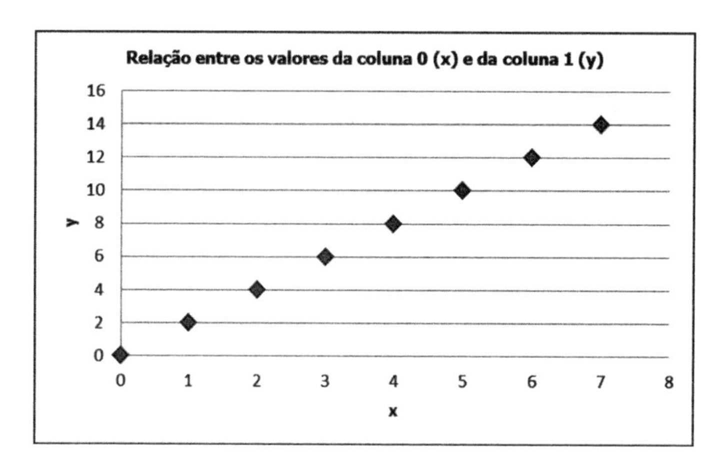

Figura 20.1. Gráfico da relação entre os valores da coluna 0 (x) e da coluna 1 (y).

Vejamos agora o caso das colunas 0 e 2: se vincularmos, linha a linha, os valores de x da coluna 0 com os valores de z da coluna 2, temos a seguinte regra de associação: para obter um valor da coluna 2, "pegue" o valor da coluna 0 e some três. Ou seja, se x for o número 4, z será o número 7 e apenas o número 7.

Na forma gráfica, essa relação pode ser representada por: $z=x+3$. Essa equação "diz" que, dado um valor de x, calcula-se y adicionando três a esse valor.

Em termos de gráfico, a regra de associação entre os valores das colunas 0 e 2 está expressa na figura 20.2. Nessa figura, os valores da variável independente x são tomados no eixo horizontal, os valores da variável dependente z são tomados no eixo vertical e os resultados da associação dessas duas variáveis são os triângulos da figura 20.2.

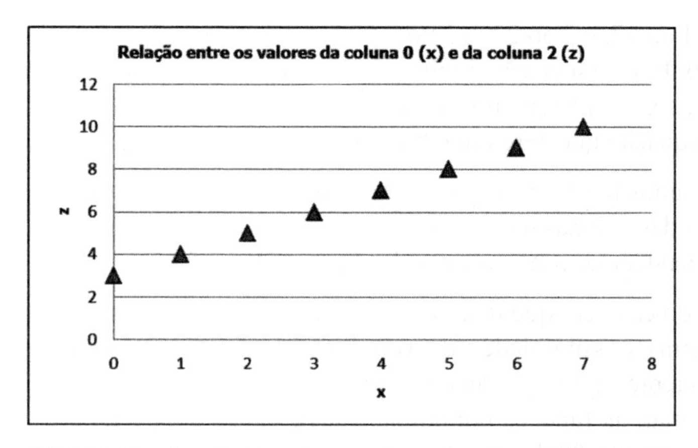

Figura 20.2. Gráfico da relação entre os valores da coluna 0 (x) e da coluna 2 (z).

Se pensarmos agora que o tipo de associação mostrado na figura 20.2 é válido para todos os números reais entre x=0 e x=7, podemos representá-la pela reta da figura 20.3. Nesse caso, em que temos uma reta, dizemos que as variáveis x e y têm comportamento linear.

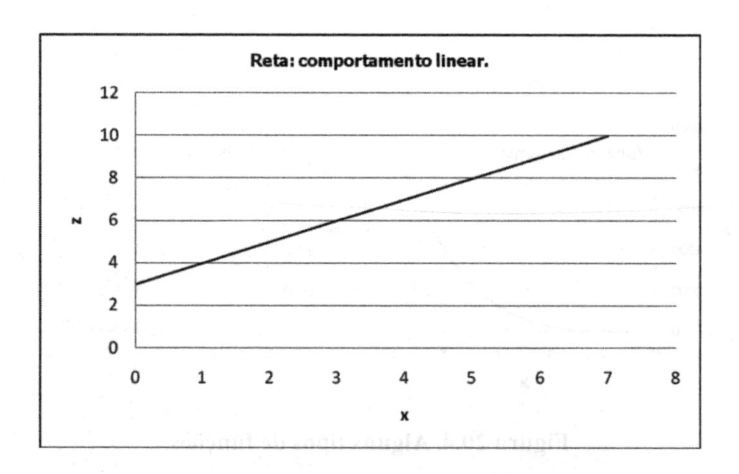

Figura 20.3. Variáveis relacionadas linearmente (reta).

Diferentemente dos dois casos anteriores, os valores das colunas 0 e 3 não estão vinculados por meio de uma regra. Não há uma lei que possa associar o

0 ao 0, o 1 ao 67, o 2 ao 23, o 3 ao 0,008, o 4 ao 254, o 5 ao 1, o 6 ao 7,89 e o 7 ao 1000. Essa associação é feita arbitrariamente, de modo ocasional. Logo, as variáveis x e w não são relacionáveis por uma função e não podemos escrever uma equação que gere uma "fórmula" de associação.

Poderíamos fazer um diagrama de dispersão mostrando a associação entre os valores das colunas 0 e 3, mas, nesse caso, ele não revelaria um tipo específico de tendência, como as retas das figuras 20.1 e 20.2.

Além do caso em que duas variáveis associam-se de modo linear, há inúmeras outras possibilidades de relacioná-las. Essas possibilidades podem gerar diferentes tipos de funções, como a função constante, a função do segundo grau, as funções polinomiais, a função exponencial etc., conforme ilustrado na figura 20.4.

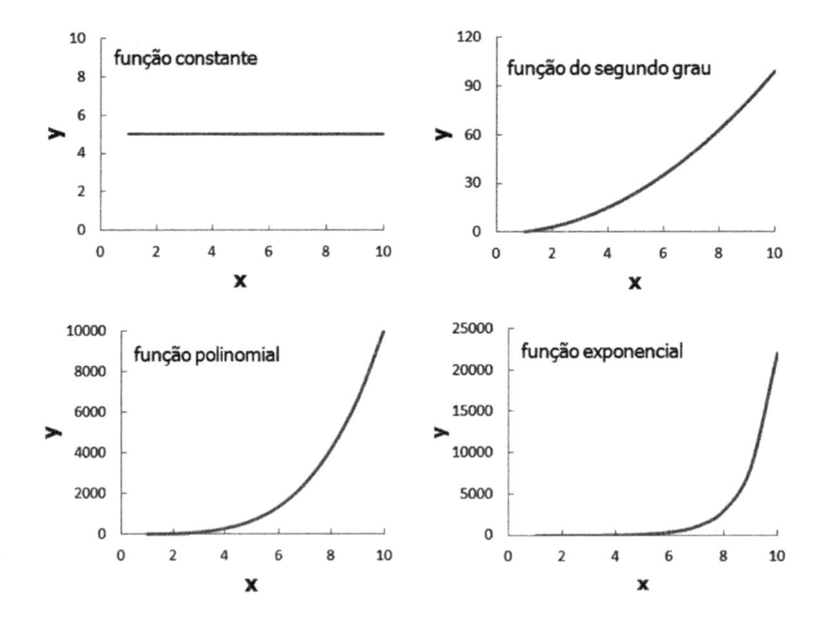

Figura 20.4. Alguns tipos de funções.

Capítulo 21
Função Constante

Imagine que os elementos de cada uma das linhas da tabela 21.1 estejam relacionados entre si.

Tabela 21.1. Colunas 0 e 1.

Coluna 0 (x)	Coluna 1 (y)
0	8
1	8
2	8
3	8
4	8
5	8
6	8
7	8

Se chamarmos de x um valor qualquer da coluna O, x é uma variável que pode receber os números 0 (x=0), 1 (x=1), 2 (x=2), 3 (x=3), 4 (x=4), 5 (x=5), 6 (x=6) ou 7 (x=7). Se relacionarmos os valores da coluna 1 ao símbolo y, vemos que essa variável somente assume o valor 8 (vale "sempre" 8, ou seja, y=8).

Vinculando, linha a linha, os valores de x da coluna 0 com os valores de y da coluna 1, temos a seguinte associação: qualquer que seja o valor da coluna 0, o valor da coluna será "sempre" 8.

Essa relação pode ser representada pela seguinte equação: y=8. Dizemos que se trata da função constante y igual a 8.

Podemos expressar essa regra de associação entre os valores das colunas 0 e 1 por meio de um gráfico: no eixo horizontal, localizamos os valores x e, no eixo vertical, localizamos o valor y=8. Os resultados dessa associação são os losangos da figura 21.1.

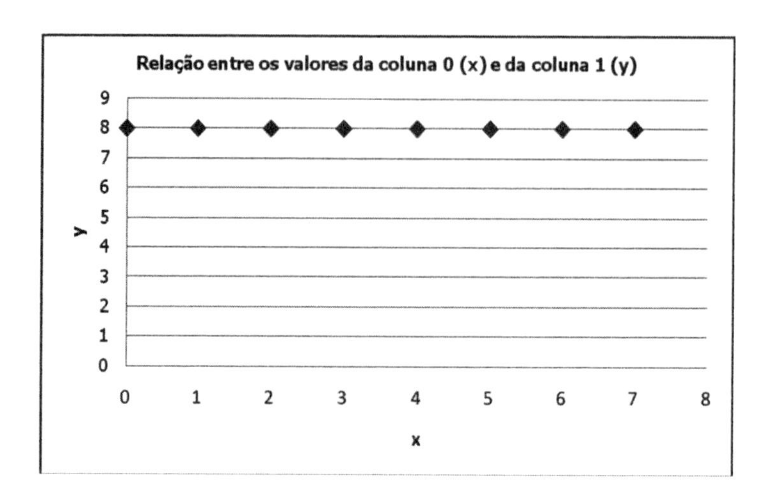

Figura 21.1. Coluna 0 (x) e da coluna 1 (y) – indicação de valores.

Se imaginarmos que x varia continuamente desde 0 até 7, e não apenas de "um em um", podemos representar a associação indicada na tabela 21.1 por uma reta horizontal, paralela ao eixo x, de altura 8, conforme mostrado na figura 21.2.

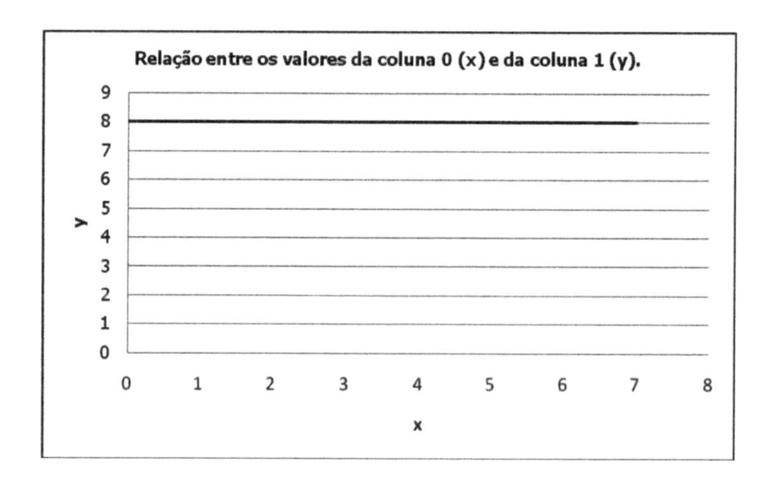

Figura 21.2. Gráfico da relação entre os valores da coluna 0 (x) e da coluna 1 (y) – reta horizontal.

Veja que seria impossível escrevermos em uma tabela todos os valores correspondentes à reta da figura 21.2, pois teríamos de escrever os infinitos números existentes entre x=0 e x=7.

De modo geral, uma função constante tem a seguinte fórmula: y=a, sendo a um número.

Na figura 21.3, temos as representações dos gráficos das seguintes três funções constantes: y=-3, z=0,5 e w=2.

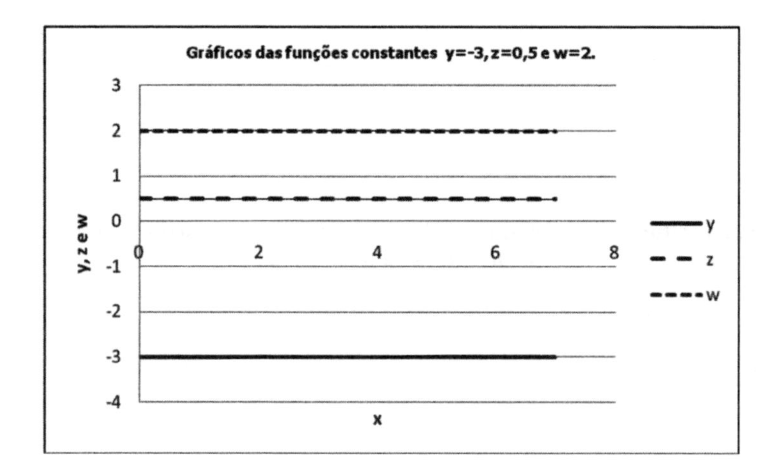

Figura 21.3. Gráficos das funções constantes y=-3, z=0,5 e w=2.

Um exemplo de função constante que pode ser visto no dia a dia é a altura de uma pessoa saudável, de um metro e sessenta e cinco (1,65 m), dos seus 20 anos aos 50 anos (figura 21.4). Vemos que, no intervalo de tempo considerado, a altura da pessoa não muda (permanece constante e igual a 1,65 m).

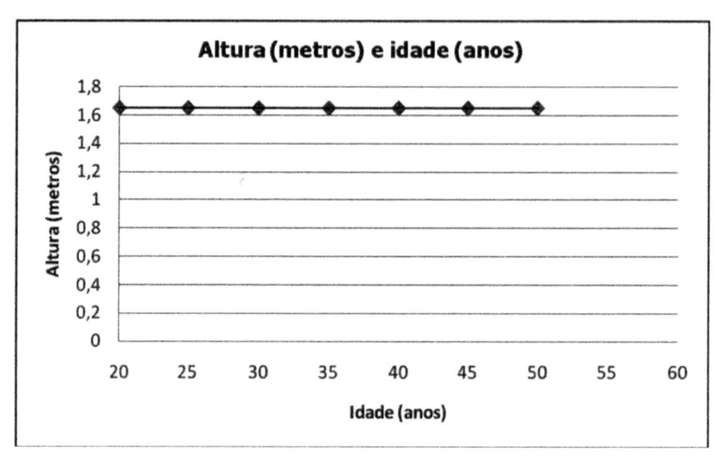

Figura 21.4. Altura de uma pessoa saudável, de um metro e sessenta e cinco (1,65 m), e idade, dos 20 anos aos 50 anos.

Capítulo 22

Função de Primeiro Grau

A equação geral ("fórmula") de uma função do primeiro grau é **y=a.x+b** e o seu gráfico é uma reta. Nessa equação, temos o seguinte:

- **x** é o símbolo que representa a variável independente (posição de "entrada de valores");
- **y** é o símbolo que representa a variável dependente (posição de "saída de valores");
- **a** é o coeficiente angular da reta (número diferente de zero);
- **b** é o coeficiente linear da reta (número qualquer).

Um exemplo de função do primeiro grau é **y=3x+2**. O significado dessa equação é o seguinte: "dê um valor qualquer para a variável **x**, multiplique-o por 3, some 2 e guarde esse resultado na variável **y**". Por exemplo, se fizermos **x** receber o número 12, teremos de multiplicar 12 por 3 e somar 2 a esse resultado para calcularmos o valor de **y**. Logo, se **x** vale 12, então **y** vale 38, pois 3 vezes 12 é 36, que, somado com 2, resulta em 38.

O **domínio** de uma função do primeiro grau, ou seja, os possíveis valores que a variável independente **x** pode receber, é o conjunto de todos os números reais. A sua **imagem,** ou seja, os possíveis valores para a variável dependente **y**, também é o conjunto de todos os números reais.

Toda função do primeiro grau é representada, graficamente, por uma reta. O coeficiente angular **a** dessa reta está relacionado com sua inclinação:

- $a>0$ indica uma reta inclinada para o lado direito;
- $a<0$ indica uma reta inclinada para o lado esquerdo.

No caso de **y=3x+2**, temos uma reta com coeficiente angular igual a 3. Como 3 é um número maior do que zero, trata-se de uma reta inclinada para o lado direito.

O coeficiente linear b da reta é a posição em que ela "cruza" o eixo vertical (eixo y).

No caso de **y=3x+2**, temos uma reta com coeficiente linear igual a 2. Logo, essa reta "cruza" o eixo vertical em y=2.

O gráfico de **y=3x+2** está representado na figura 22.1.

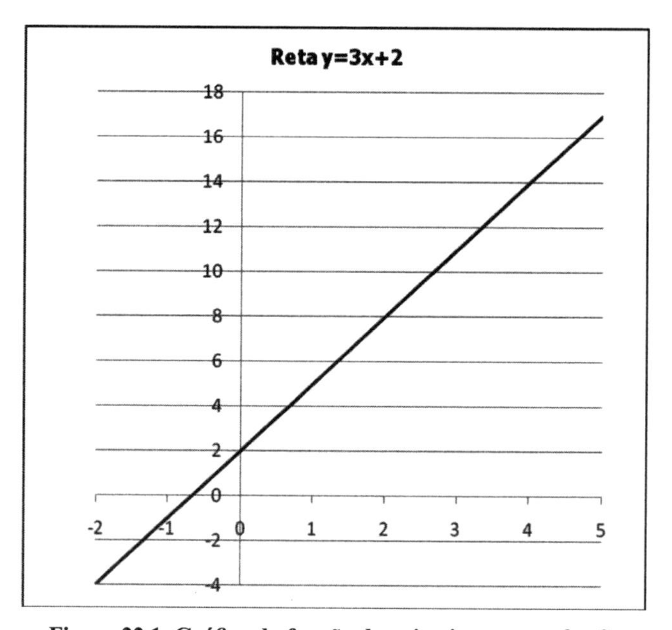

Figura 22.1. Gráfico da função do primeiro grau y=3x+2.

Vemos que o coeficiente linear b=2 é obtido diretamente do gráfico. Já o coeficiente angular a=3 não é um ponto observado diretamente do gráfico: trata-se de uma proporção de variações.

O valor a=3 significa que, se aumentarmos em uma unidade qualquer o valor de x, aumentaremos em 3 unidades o valor de y. Por exemplo, se x aumentar de 4 para 5 (variação de uma unidade), y aumentará de 14 para 17 (variação de 3 unidades), conforme mostrado na figura 22.2.

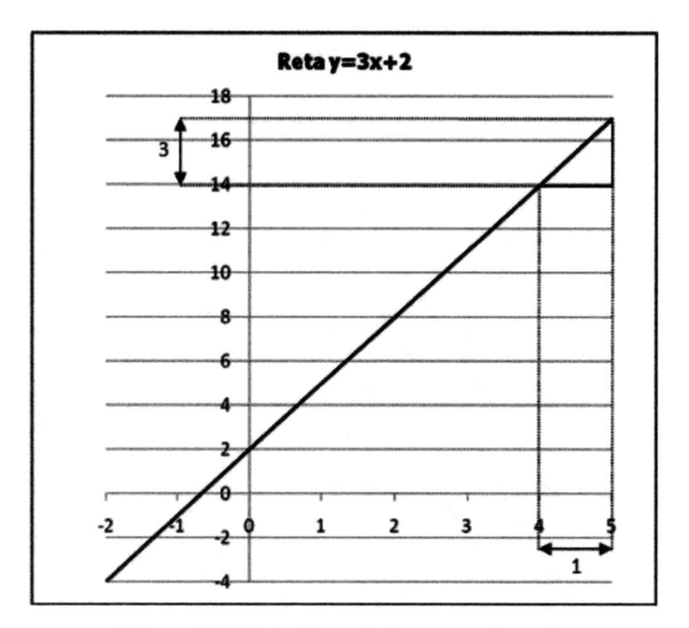

Figura 22.2. Reta de coeficiente angular a=3.

A ideia de proporção do coeficiente angular a=3 é a seguinte: se aumentarmos em uma unidade o valor de x, aumentaremos em 3 unidades o valor de y; se aumentarmos em duas unidades o valor de x, aumentaremos em 6 unidades o valor de y; e assim por diante. Ou seja, temos a proporção de 3 para 1.

Na figura 22.3, temos retas com o mesmo valor de coeficiente angular (a=3), ou seja, de mesma inclinação. Logo, são retas paralelas. Mas seus coeficientes lineares são diferentes: **y=3x+4** cruza o eixo vertical na posição 4; **z=3x** (ou z=3x+0) cruza o eixo vertical na posição 0; e **w=3x-5** cruza o eixo vertical na posição -5.

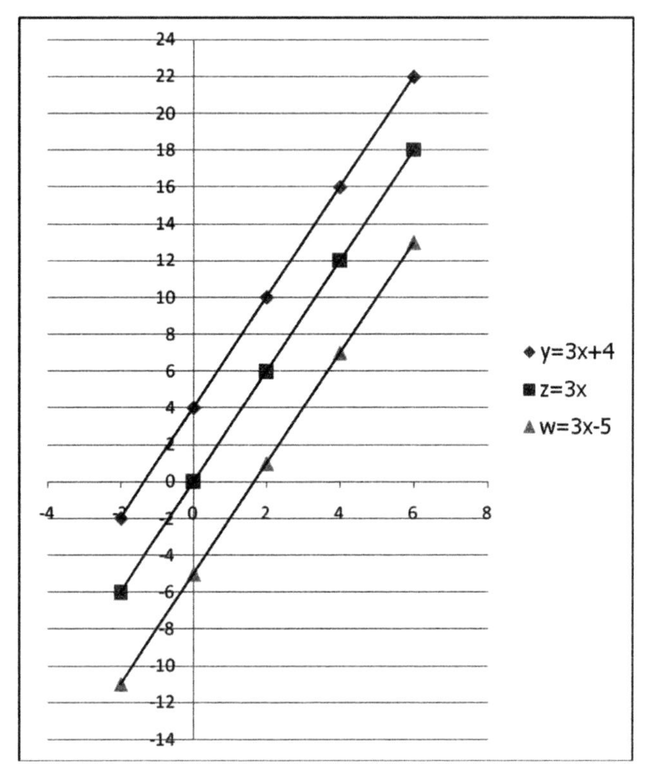

Figura 22.3. Retas paralelas com o mesmo valor de coeficiente angular (a=3), mas com diferentes coeficientes lineares.

Na figura 22.4, temos retas com o mesmo valor de coeficiente linear (b=0), mas com diferentes valores de coeficientes angulares. São retas com inclinações distintas: em **y=7x**, o aumento de uma unidade em x implica o aumento de 7 unidades em y; em **y=2x**, o aumento de uma unidade em x implica o aumento de 2 unidades em y; e em **y=-7x**, o aumento de uma unidade em x implica a diminuição de 7 unidades em y (trata-se de diminuição, pois o coeficiente angular -7 é um número negativo).

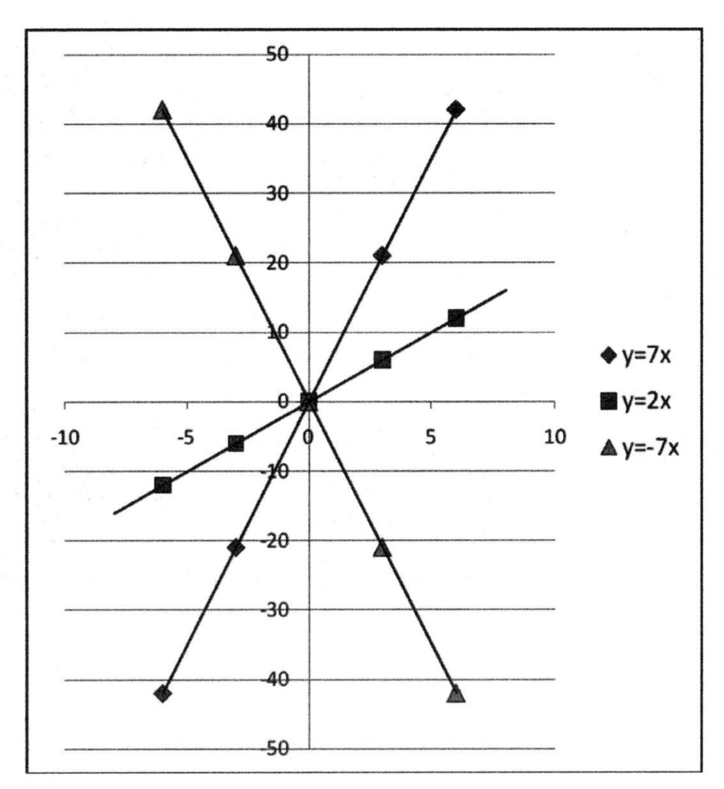

Figura 22.4. Retas com mesmos coeficientes lineares (a=0), mas com diferentes coeficientes angulares.

Um exemplo prático de comportamento linear é a relação entre o valor pago pelo açúcar comprado a granel e o "peso" de açúcar. Vejamos: imagine que o quilo do açúcar custe R$ 3,00 e que não haja desconto de acordo com os "quilos" comprados. Nesse caso, temos o seguinte:

- se comprarmos 1 kg de açúcar, pagaremos R$ 3,00;
- se comprarmos 2 kg de açúcar, pagaremos R$ 6,00;
- se comprarmos 2,5 kg de açúcar, pagaremos R$ 7,50;
- e assim por diante.

Indicando por q os "quilos" comprados de açúcar e por p o valor a ser pago, a "fórmula" que relaciona as variáveis q e p é a seguinte: **p=3q** (lida como "pê é três vezes quê"). Trata-se de uma função do primeiro grau com coeficiente angular 3 e coeficiente linear 0, cujo gráfico está esboçado na figura 22.5.

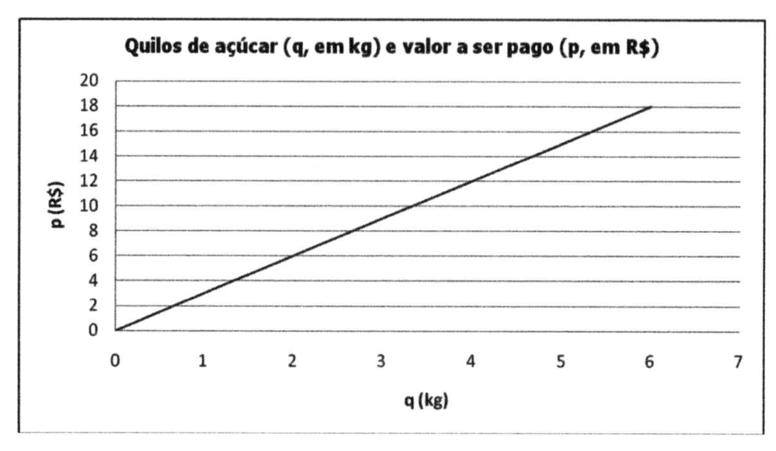

Figura 22.5. Quilos de açúcar (q, em kg) e valor a ser pago (p, em R$).

Capítulo 23

Função do Segundo Grau (Parábolas)

A equação geral ("fórmula") de uma função do segundo grau é $y = ax^2 + bx + c$ e o seu gráfico é chamado de parábola. Nessa equação, temos o seguinte:

- **x** é o símbolo que representa a variável independente (posição de "entrada de valores");
- **y** é o símbolo que representa a variável dependente (posição de "saída de valores");
- **a**, **b** e **c** são coeficientes (números quaisquer), com $a \neq 0$.

Logo, uma função do segundo grau com coeficientes a=5, b=3 e c=7 apresenta a equação: $y = 5x^2 + 3x + 7$. Essa fórmula "diz" que, se trocarmos o símbolo x por um valor, para obtermos o "seu respectivo y", devemos fazer o seguinte: elevar esse valor ao quadrado e multiplicá-lo por 5, multiplicar esse valor por 3 e somá-lo com o resultado anterior e, finalmente, somar 7 ao resultado. Por exemplo, se x for substituído por 2, y resultará em 33, pois $y = 5 . (2^2) + 3 \cdot (2) + 7 = 5 \cdot 4 + 6 + 7 = 20 + 6 + 7 = 33$.

Na tabela 23.1, temos alguns resultados gerados pela atribuição de valores à variável x na função do segundo grau $y = 5x^2 + 3x + 7$. Na tabela, há apenas alguns exemplos de "funcionamento" de $y = 5x^2 + 3x + 7$, pois poderíamos ter inserido qualquer número na posição ocupada pelo símbolo x.

Tabela 23.1. Resultados gerados pela atribuição de valores à variável x em $y = 5x^2 + 3x + 7$.

x	$y = 5x^2 + 3x + 7$
-3	43, pois $5 \cdot (-3)^2 + 3 \cdot (3) + 7=43$

-2	21, pois $5 \cdot (-2)^2 + 3 \cdot (-2) + 7 = 21$
1,5	22,75, pois $5 \cdot (1{,}5)^2 + 3 \cdot (1{,}5) + 7 = 22{,}75$
0	7, pois $5 \cdot (0)^2 + 3 \cdot (0) + 7 = 7$
1,7	26,55, pois $5 \cdot (1{,}7)^2 + 3 \cdot (1{,}7) + 7 = 26{,}55$
2	33, pois $5 \cdot (2)^2 + 3 \cdot (2) + 7 = 33$
2,5	45,75, pois $5 \cdot (2{,}5)^2 + 3 \cdot (2{,}5) + 7 = 45{,}75$
4	99, pois $5 \cdot (4)^2 + 3 \cdot (4) + 7 = 99$

Na figura 23.1, temos a representação gráfica dos pontos da tabela 23.1.

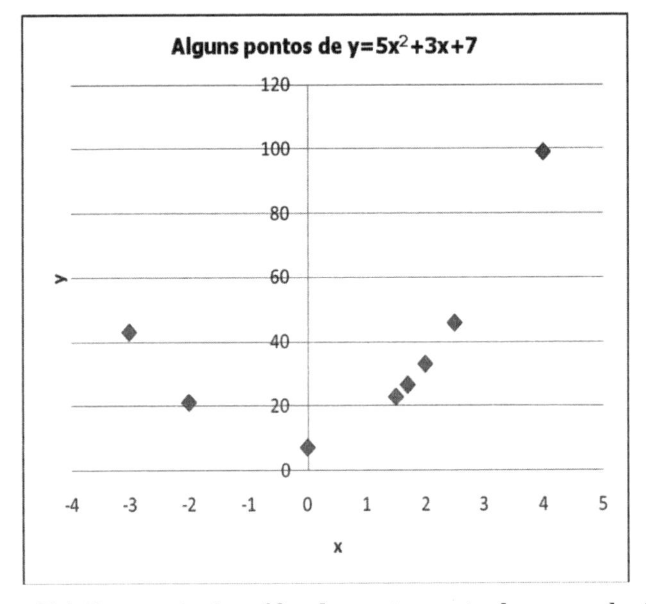

Figura 23.1. Representação gráfica dos pontos mostrados no quadro 23.1.

Se o coeficiente **a** da função do segundo grau for um número maior do que zero (**a** > 0), seu gráfico será uma parábola com concavidade voltada para cima. Se o coeficiente **a** for um número menor do que zero (**a** < 0), a parábola terá concavidade voltada para baixo. No caso de $y = 5x^2 + 3x + 7$, como o coeficiente a=5 é um número maior do que zero, temos uma parábola com concavidade voltada para cima.

O coeficiente **c** da função do segundo grau é a posição em que a parábola cruza o eixo vertical (eixo "y"). Logo, em $y = 5x^2 + 3x + 7$, temos uma parábola que "corta" o eixo vertical na posição 7, pois, nesse caso, c=7.

O gráfico da função $y = 5x^2 + 3x + 7$ está representado na figura 23.2. Esse gráfico é formado pela troca de valores de x por todos os infinitos números reais e inclui, também, os pontos mostrados na figura 23.1. Veja que não há como escrevermos em uma tabela os infinitos resultados gerados pelas infinitas substituições de x por todos os números reais. Mesmo na figura 23.2, temos apenas o gráfico da função $y = 5x^2 + 3x + 7$ no trecho compreendido entre x=-3 e x=4.

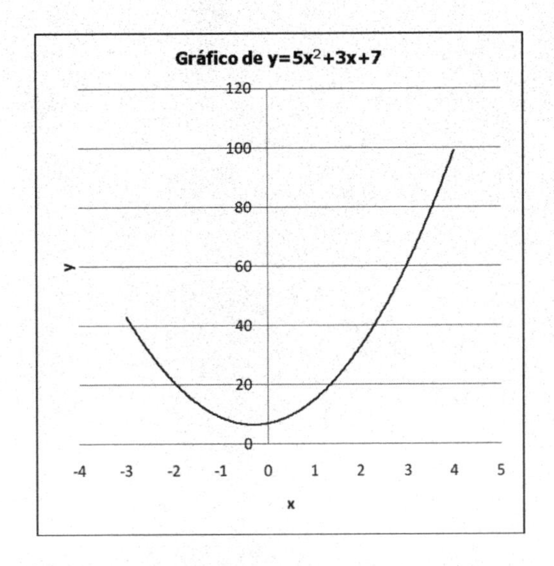

Figura 23.2. Gráfico da função $y = 5x^2 + 3x + 7$.

Algumas aplicações práticas da função do segundo grau são as equações da trajetória de um tiro de canhão, do movimento de uma pequena pedra em queda livre, da potência elétrica consumida por um resistor em função da intensidade da corrente elétrica que o percorre e equações relativas à transferência de calor.

Capítulo 24

Função Exponencial

A equação geral ("fórmula") de uma função exponencial é $y=\mathbf{a}^x$. Nessa equação, temos o seguinte:

- **x** é o símbolo que representa a variável independente (posição de "entrada de valores");
- **y** é o símbolo que representa a variável dependente (posição de "saída de valores");
- **a** um número maior do que zero e diferente de 1, chamado de base da função.

Para entendermos o funcionamento da função exponencial, podemos estudar os dois casos apresentados a seguir: no primeiro (caso 1), a base **a** é um número maior do que 1, e no segundo (caso 2), a base **a** é um número entre 0 e um.

Caso 1 (base maior do que 1): $y = 3^x$.

Trocando a variável x pelos valores -2, -1, 0, 1, 2, 3 e 4 e aplicando a regra "tome o valor atribuído a x e faça três, elevado a esse valor", obtemos os resultados de $y = 3^x$, conforme mostrado na tabela 24.1. Esses resultados foram gerados com o uso da calculadora.

Tabela 24.1. Resultados gerados pela atribuição de valores à variável x em $y = 3^x$.

x	$y = 3^x$
−2	0,111111, pois $3^{-2} = 0{,}111111$
−1	0,333333, pois $3^{-1} = 0{,}333333$
0	1, pois $3^0 = 1$
1	3, pois $3^1 = 3$
2	9, pois $3^2 = 9$
3	27, pois $3^3 = 27$
4	81, pois $3^4 = 81$

Veja que poderíamos também ter substituído x por um "número quebrado", como 2,88. Nesse caso, obteríamos y=23,66515, pois 3 elevado a 2,88 resulta em 23,66515.

Os pontos da tabela 24.1 estão apresentados no gráfico da figura 24.1.

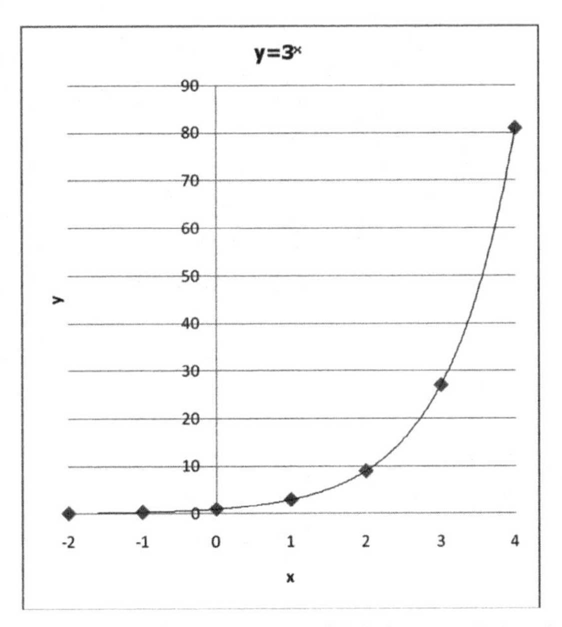

Figura 24.1. Gráfico da função exponencial de base a = 3, ou seja, $y = 3^x$.

Observe que de $y=3^x$ é uma função crescente, pois, se aumentarmos os valores atribuídos a x, os resultados vistos em y também aumentam. Além disso, usando tanto valores positivos quanto valores negativos em x, o resultado em y é sempre um número positivo.

Caso 2 (base entre zero e 1): $y = 0,8^x$.

Trocando a variável x pelos valores -4, -3, -2, -1, 0, 1 e 2 e aplicando a regra "tome o valor atribuído a x e faça zero vírgula oito elevado a esse valor", obtemos os resultados de $y = 0,8^x$, conforme mostrado na tabela 24.2. Esses resultados foram gerados com o uso da calculadora.

Tabela 24.2. Resultados gerados pela atribuição de valores à variável x em $y = 0{,}8^x$.

x	$y=0{,}8^x$
-4	2,441406, pois $0{,}8^{-4}=2{,}441406$
-3	1,953125, pois $0{,}8^{-4}=2{,}441406$
-2	1,5625, pois $0{,}8^{-4}=2{,}441406$
-1	1,25, pois $0{,}8^{-4}=2{,}441406$
0	1, pois $0{,}8^{-4}=2{,}441406$
1	0,8, pois $0{,}8^{-4}=2{,}441406$
2	0,64, pois $0{,}8^{-4}=2{,}441406$

Aqui também poderíamos ter substituído x por um "número quebrado", como 1,37. Nesse caso, obteríamos y=0,7366, pois 0,8 elevado a 1,37 resulta em 0,7366.

Os pontos da tabela 24.2, além de outros, estão apresentados no gráfico da figura 24.2.

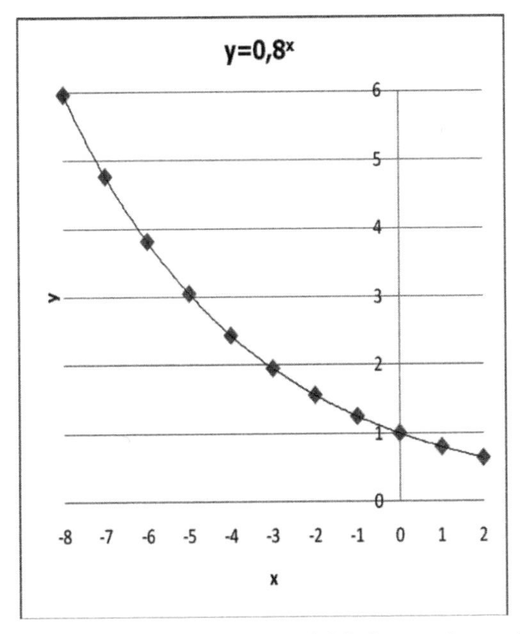

Figura 24.2. Gráfico da função exponencial de base a=3, ou seja, y = 0,8.

Observe que de $y=0,8^x$ é uma função decrescente, pois, se aumentarmos os valores atribuídos a x, os resultados vistos em y diminuem. Além disso, usando tanto valores positivos quanto valores negativos em x, o resultado em y é sempre um número positivo.

As funções exponenciais têm várias aplicações práticas na Matemática, na Física, na Química e na Biologia, como os modelamentos do crescimento de colônias de bactérias e da desintegração de espécies radioativas.

Capítulo 25

Teorema de Pitágoras

Com certeza, pelo menos de nome, o teorema de Pitágoras é um dos mais conhecidos. Na escola, ele aparece nas aulas de Matemática e de Física. Seu apelo é tão grande, que chega a ser citado em piadas e em letras de músicas.

Bom, vamos começar a explicação sobre o teorema de Pitágoras dizendo a "quem" ele é aplicado: a todos os triângulos retângulos. Isso mesmo, esse teorema aplica-se a um tipo específico de triângulo, o triângulo retângulo.

Podemos desenhar muitos triângulos retângulos, como os mostrados na figura 25.1.

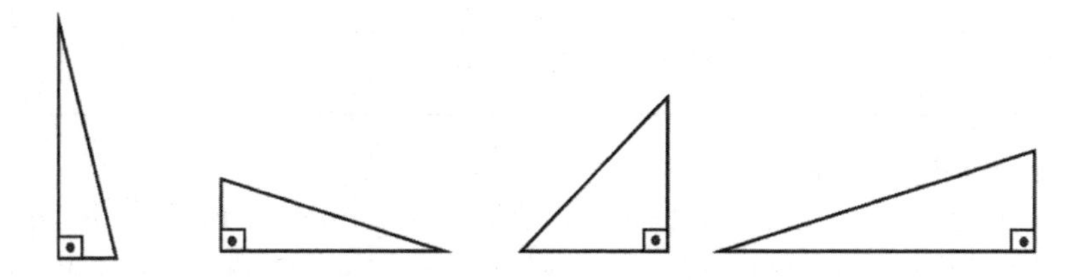

Figura 25.1. Exemplos de triângulos retângulos.

Pelos exemplos da figura 25.1, vemos que todos os triângulos retângulos têm um de seus ângulos internos igual a 90 graus (90º), ou seja, eles têm um ângulo reto, indicado por um quadradinho com uma "bolinha" dentro. Alguns triângulos retângulos são "altos e finos", outros são "baixos e largos" etc.

Dois dos três lados que formam um triângulo retângulo são chamados de catetos e o terceiro lado é chamado de hipotenusa. A hipotenusa é o maior lado, ou, mais precisamente, o lado de maior comprimento. Para visualizar os catetos e a hipotenusa em um desenho, veja as indicações feitas na figura 25.2.

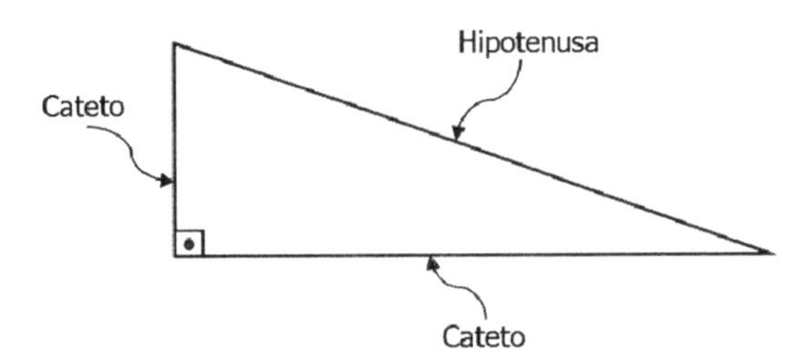

Figura 25.2. Indicações dos catetos e da hipotenusa de um triângulo retângulo.

De acordo com o teorema de Pitágoras, que ainda vai ser enunciado, se tivermos um triângulo retângulo com um cateto de 4 cm e outro cateto de 3 cm, sua hipotenusa vai ter, obrigatoriamente, 5 cm. Você pode desenhar esse triângulo retângulo e comprovar o que Pitágoras dizia...

Mas, você deve estar se perguntando "de onde saiu" esse valor de 5 cm. Para responder a isso, vamos escrever o famoso teorema.

Teorema de Pitágoras
Para qualquer triângulo retângulo, vale o seguinte: a medida de um cateto elevada ao quadrado, somada com a medida do outro cateto, também elevada ao quadrado, é igual à medida da hipotenusa elevada ao quadrado.

Voltando ao nosso exemplo... A medida de um cateto é 4 cm que, elevada ao quadrado, dá 16. A medida do outro cateto é 3 cm que, elevada ao quadrado, dá 9. A soma de 16 com 9 dá 25, que é exatamente igual ao número 5 elevado ao quadrado. Ou seja, a hipotenusa de um triângulo retângulo de catetos 4 cm e 3 cm mede 5 cm. Esse triângulo, esquematizado sem escala na figura 25.3, é muito usado em exemplos, pois é formado por números inteiros.

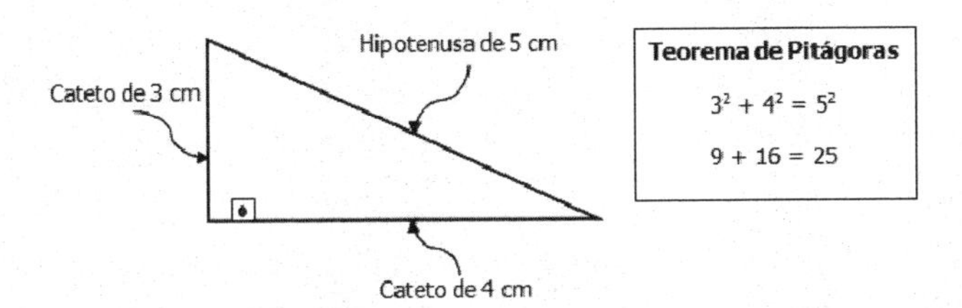

Figura 25.3. Triângulo retângulo de catetos medindo 3 cm e 4 cm e hipotenusa medindo 5 cm.

Podemos escrever o teorema de Pitágoras com uma "fórmula geral". Para isso, vamos usar a letra A para representar a medida do cateto de um triângulo retângulo qualquer, a letra B para representar a medida do outro cateto e a letra C para representar a medida da hipotenusa desse triângulo retângulo, conforme mostrado na figura 25.4.

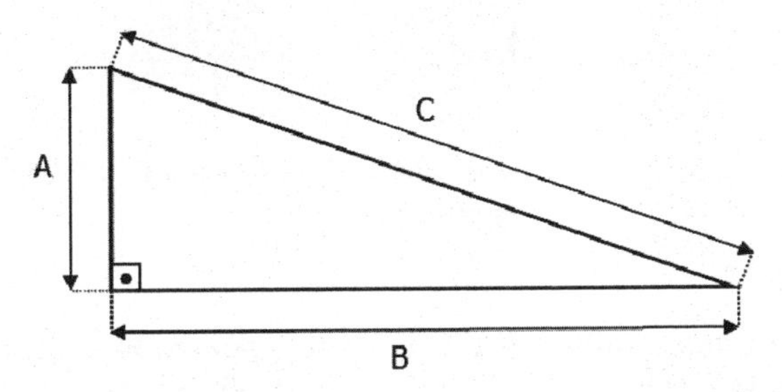

Figura 25.4. Triângulo retângulo de catetos medindo A e B e hipotenusa medindo C.

Segundo o teorema de Pitágoras, temos o seguinte:

$$A^2 + B^2 = C^2$$

Esse teorema também é válido se o triângulo retângulo tiver medidas de lados que sejam "números quebrados". Por exemplo, um triângulo com catetos medindo 11,20 cm (A=11,20) e 5,70 cm (B=5,70) tem hipotenusa aproximadamente igual a 12,57 cm, pois $11{,}20^2 + 5{,}70^2 = 12{,}57^2$.

Será que um triângulo de lados 2 cm, 3 cm e 4 cm é um triângulo retângulo? Se isso fosse verdade, os catetos mediriam 2 cm (A=2) e 3 cm (B=3), a hipotenusa mediria 4 cm (C=4) e valeria o teorema de Pitágoras. Mas, nesse caso, como $2^2 + 3^2 \neq 4^2$, então não vale o teorema de Pitágoras e esse triângulo não é retângulo.

Podemos usar ainda os triângulos para calcular áreas de polígonos. Por exemplo, um pentágono regular de lado 6 m, cuja distância do vértice ao centro é de 5 m, é formado por 10 triângulos retângulos, como mostrado na figura 25.5.

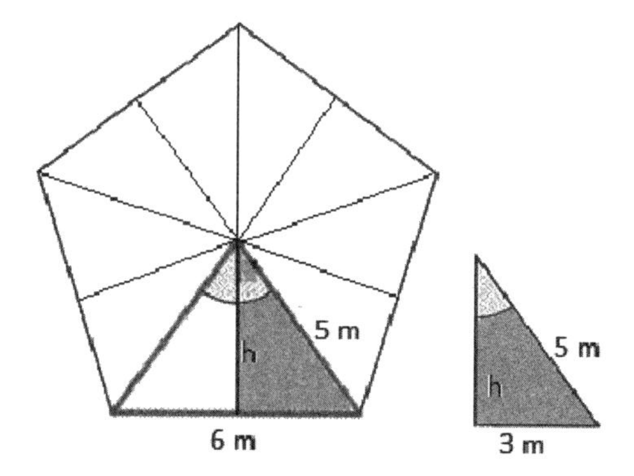

Figura 25.5. Triângulo retângulo de catetos medindo 3 m e h e de hipotenusa medindo 5 m.

Para encontrarmos a altura h do triângulo, podemos usar o Teorema de Pitágoras, fazendo:

$$5^2 - 3^2 = h^2 \text{ » } 25 - 9 = h^2 \text{ » } 16 = h^2 \text{ » } h = 4$$

A área do triângulo é dada pelo comprimento da sua base (3 m) multiplicado pela sua altura (4 m), dividindo-se esse resultado por 2, ou seja, (3 x 4)/2 = 6 m^2. Assim, a área total do polígono é igual a 60 m^2, visto que é dez vezes a área de cada triângulo.

Capítulo 26

Seno, Cosseno e Tangente

Para explicarmos o que é seno, cosseno e tangente, as muitas vezes “temidas entidades trigonométricas”, vamos começar tomando como exemplo um triângulo retângulo de catetos medindo 6 cm e 8 cm e hipotenusa medindo 10 cm.

Esse triângulo, com vértices indicados pelas letras A, B e C, está esquematizado na figura 26.1. A indicação θ (lida como “teta”) refere-se ao ângulo formado em A pelo cateto de 6 cm e pela hipotenusa. A indicação β (lida como “beta”) refere-se ao ângulo formado em C pelo cateto de 8 cm e pela hipotenusa.

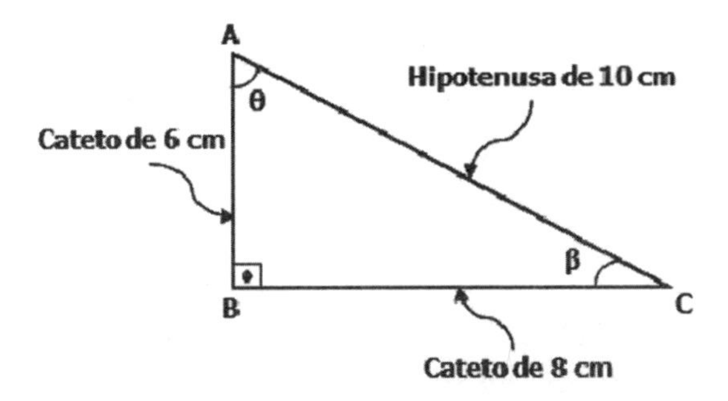

Figura 26.1. Triângulo retângulo de catetos medindo 6 cm e 8 cm e hipotenusa medindo 10 cm.

A primeira providência a ser tomada para calcularmos o seno, o cosseno e a tangente é dizermos em relação a qual ângulo do triângulo retângulo queremos executar esses cálculos. No caso do triângulo da figura 26.1, podemos calcular o seno, o cosseno e a tangente do ângulo θ e do ângulo β. Para isso usamos as definições que seguem.

- Seno de θ (indicado por senθ): é a medida do cateto oposto a θ (8 cm) dividida pela medida da hipotenusa (10 cm).
- Cosseno de θ (indicado por cosθ): é a medida do cateto adjacente a θ (6

cm) dividida pela medida da hipotenusa (10 cm).

- Tangente de θ (indicada por tgθ): é a medida do oposto a θ (8 cm) dividida pela medida do cateto adjacente a θ (6 cm).
- Seno de β (indicado por senβ): é a medida do cateto oposto a β (6 cm) dividida pela medida da hipotenusa (10 cm).
- Cosseno de β (indicado por cosβ): é a medida do cateto adjacente a β (8 cm) dividida pela medida da hipotenusa (10 cm).
- Tangente de β (indicada por tgβ): é a medida do oposto a (6 cm) β dividida pela medida do cateto adjacente a β (10 cm).

Se fizermos as contas seguindo as definições dadas, chegamos aos valores a seguir.

- $sen\theta = \dfrac{medida\ do\ cateto\ oposto\ a\ \theta}{medida\ da\ hipotenusa} = \dfrac{8}{10} \Rightarrow sen\theta = 0,8$

- $cos\theta = \dfrac{medida\ do\ cateto\ odjacente\ a\ \theta}{medida\ da\ hipotenusa} = \dfrac{6}{10} \Rightarrow cos\theta = 0,6$

- $tg\theta = \dfrac{medida\ do\ cateto\ oposto\ a\ \theta}{medida\ do\ cateto\ adjacente\ a\ \theta} = \dfrac{8}{6} \Rightarrow tg\theta = 1,33$

- $sen\beta = \dfrac{medida\ do\ cateto\ oposto\ a\ \beta}{medida\ da\ hipotenusa} = \dfrac{6}{10} \Rightarrow sen\beta = 0,6$

- $cos\beta = \dfrac{medida\ do\ cateto\ odjacente\ a\ \beta}{medida\ da\ hipotenusa} = \dfrac{8}{10} \Rightarrow \cos\beta = 0,8$

- $tg\beta = \dfrac{medida\ do\ cateto\ oposto\ a\ \beta}{medida\ do\ cateto\ adjacente\ a\ \beta} = \dfrac{6}{8} \Rightarrow tg\beta = 0,75$

Pelas definições, vemos que o seno do ângulo θ é igual ao cosseno do ângulo β e vice-versa.

Tanto o cateto oposto quanto o cateto adjacente a dado ângulo do triângulo retângulo medem menos do que a hipotenusa. Logo, o seno e o cosseno de um ângulo são números menores do que 1, pois o seno e o cosseno são obtidos por meio de uma fração em que o numerador (medida do cateto) é menor do que o denominador (medida da tangente).

Já a tangente de dado ângulo pode ser um número menor do que 1, igual a 1 ou maior do que 1, pois ela é obtida por meio de uma fração em que o numerador (medida do cateto oposto ao ângulo) é menor, igual ou maior do que o denominador (medida do cateto adjacente ao ângulo).

Como podemos usar as "temidas entidades trigonométricas"? Imagine que você precise de uma escada para alcançar o topo de um muro de 3 metros e que, para sua segurança, a inclinação, em relação ao solo, não pode ser maior do que 51°, como mostrado na figura 26.2. Que tamanho deve ter a escada?

Figura 26.2. Como calcular o tamanho de objetos usando trigonometria.

Disponível em <http://www.aulafacil.com/matematicas-trigonometria-plana/curso/Lecc-5.htm>. Acesso em 26 fev. 2014.

Observando o triângulo formado entre a parede, o solo e a escada e sabendo, pelo uso da calculadora, que o seno de 51° é igual a 0,7771, podemos calcular a altura da escada, conforme mostrado a seguir.

$$sen51 = \frac{cateto\ oposto}{hipotenusa}$$

$$0,7771 = \frac{altura\ do\ muro}{altura\ da\ escada} = \frac{3m}{altura\ da\ escada}$$

$$altura\ da\ escada = \frac{3}{0,7771} = 3,86m$$

Também podemos calcular distâncias usando conceitos da trigonometria. Vejamos o exemplo mostrado na figura 26.3: como o faroleiro pode saber a qual distância da costa está um barco?

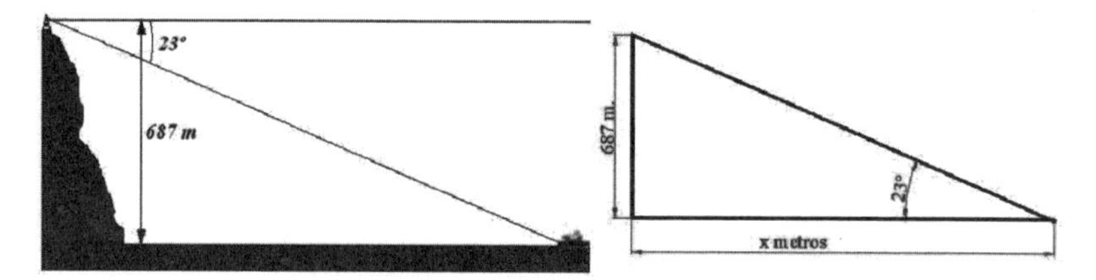

Figura 26.3. Como calcular distâncias usando trigonometria.

Disponível em <http://www.aulafacil.com/matematicas-trigonometria-plana/curso/Lecc-5.htm>. Acesso em 26 fev. 2014.

Medindo o ângulo entre a linha que une o faroleiro ao barco e a horizontal, podemos calcular a distância entre o barco e a costa conforme mostrado a seguir.

$$Tangente\ de\ 23^{\circ} = \frac{cateto\ oposto}{cateto\ adjacente} = \frac{altura\ do\ penhasco}{distância\ do\ barco}$$

$$0,42447 = \frac{687m}{distância\ do\ barco}$$

Assim, verifica-se que o barco está a 1618,5 metros da costa.

Capítulo 27
Áreas

A área de uma figura geométrica plana corresponde ao espaço que está dentro dos seus limites. No mundo que nos cerca, há grande diversidade de formas e figuras, e é bastante comum que se queira conhecer suas áreas. Por exemplo, vemos, entre outras características de uma mesa retangular, a forma de sua superfície. Como sabemos, por exemplo, se determinada toalha cobre toda a mesa? A maneira mais fácil de respondermos a essa perguntar é pela comparação das áreas das duas superfícies.

Por exemplo, se a mesa é quadrada, com lados que medem 70 cm (figura 27.1), a área do tampo da mesa, chamada simplesmente de área da mesa, será calculada conforme segue.

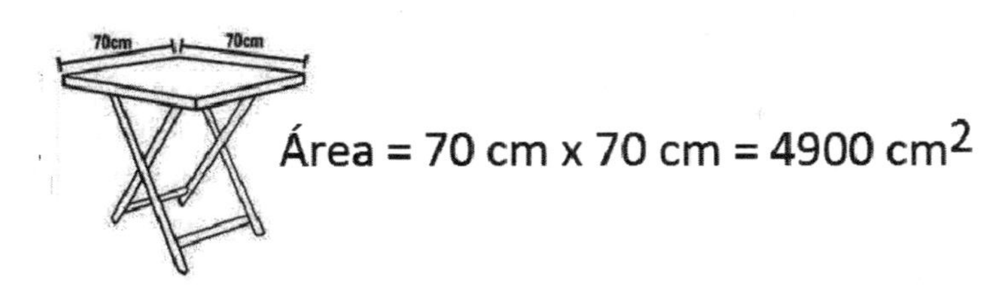

Figura 27.1. Área de uma mesa quadrada.

Para cobrir a mesa, seria adequado termos uma toalha quadrada com lados que meçam mais de 70 cm, resultando em área maior do que 4900 cm^2.

Para obter a área da superfície, é necessário conhecer suas dimensões expressas com unidades coerentes de medida.

Vamos observar as dimensões do retângulo mostrado na figura 27.2 e o total de unidades quadradas que cobrem sua superfície, isto é, a área A.

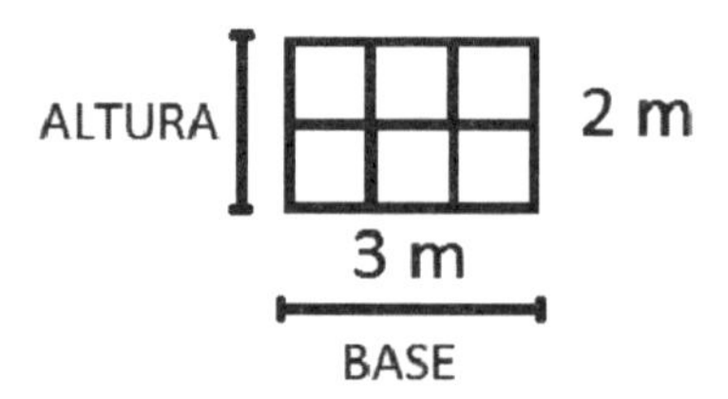

Figura 27.2. Área do retângulo.

As relações entre as dimensões do retângulo da figura 27.3 estão mostradas a seguir.

3 m ou 3 unidades de medida na base (b)
2 m ou 2 unidades de medida na altura (h)

A área é determinada multiplicando-se a medida da base b pela medida da altura h (bxh), ou seja, 3 m x 2 m = 6 m^2.

Para a área de triângulos, é útil notar que eles podem ser representados dentro dos retângulos, como mostrado na figura 27.3, e que a área que "sobra" nos retângulos é exatamente igual à área dos triângulos. Assim, para calcularmos a área de um triângulo, basta dividirmos a área do retângulo que o contém por dois, conforme indicado na figura 27.3.

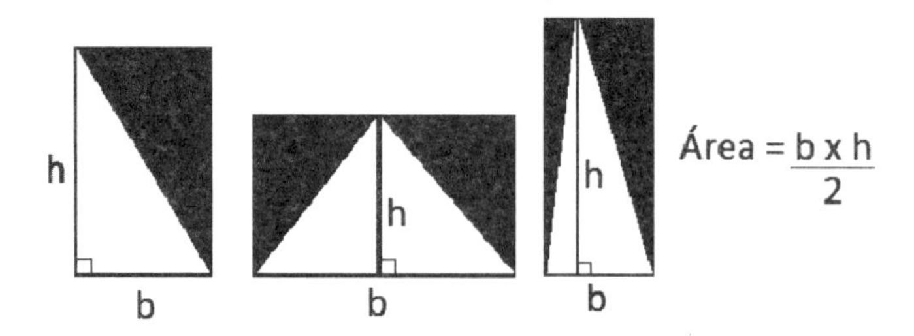

Figura 27.3. Área do triângulo.

Mas e quando as figuras são circulares? Para calcular a área do círculo, Leonardo da Vinci dividiu sua superfície em vários triângulos, tão pequenos que poderíamos considerar sua base linear, como mostrado na figura 27.4. Esses setores foram então reordenados de maneira a formar (aproximadamente) um retângulo com altura igual ao raio do círculo e com base igual à metade da sua circunferência (L/2 = Pr), sabendo que a proporção entre a circunferência L e o raio r é P.

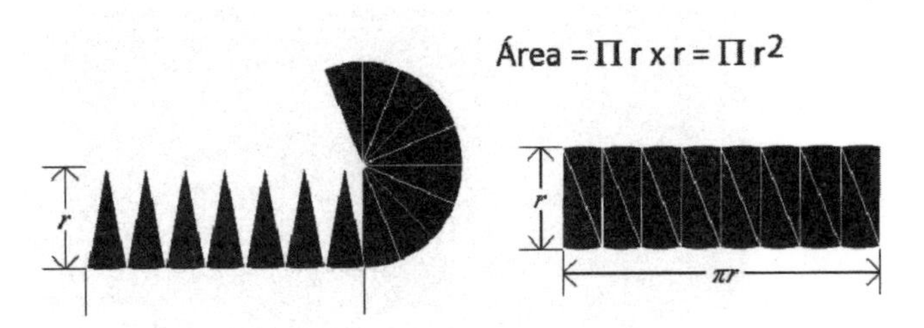

Figura 27.4. A área do círculo.

As fórmulas para calcularmos as áreas de outras formas geométricas surgiram seguindo o mesmo tipo de raciocínio e simplificadas para facilitar o cálculo. A figura 27.5 mostra como calcularmos as áreas de algumas formas conhecidas.

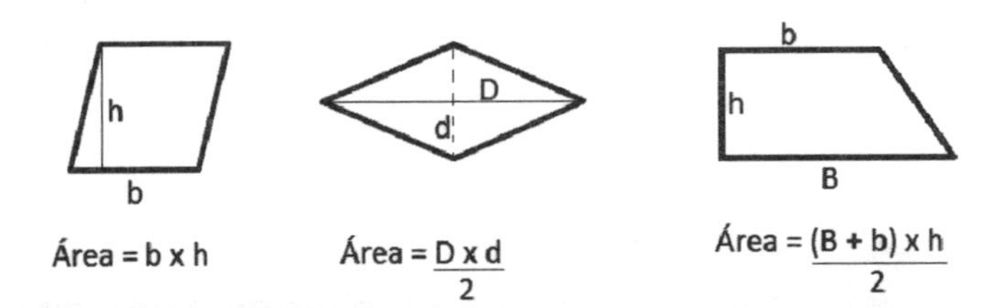

Figura 27.5. Áreas do romboide, do losango e do trapézio.

Capítulo 28

Volumes

Uma unidade usual de medição de volumes é o metro cúbico (m^3), que correspondente ao espaço no interior de um cubo de lado de 1 m. No entanto, os volumes podem ser medidos com submúltiplos, como o decímetro cúbico (dm^3) ou o centímetro cúbico (cm^3).

No quadro abaixo, podemos ver as relações entre o decímetro cúbico e o centímetro cúbico.

$$1\ m^3 = 1.000\ dm^3$$

$$1\ m^3 = 1.000.000\ cm^3$$

Para sabermos o volume de um corpo sólido, como o mostrado na figura 28.1, ou podemos fazer um experimento ou podemos usar a geometria. No caso do experimento, uma proveta graduada é utilizada para medir o volume de líquido que se desloca, após a imersão do corpo. O volume do sólido corresponde à diferença entre o nível de líquido antes e depois que o sólido é submerso.

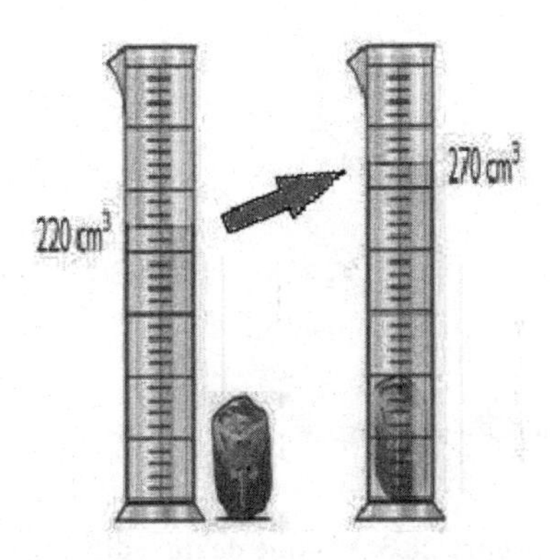

Figura 28.1. Determinação do volume de um corpo empregando um líquido em uma proveta.

A geometria pode ajudar no cálculo do volume de sólidos, em especial dos sólidos regulares, evitando, em alguns casos, a realização de experimentos parecidos com o ilustrado na figura 28.1. Já pensou no tamanho da proveta que seria necessária para medir o volume de um edifício?

Os corpos têm três dimensões (largura, altura e comprimento) limitadas por uma ou mais superfícies. Assim como um círculo (bidimensional) pode ser reduzido a uma série de triângulos, um corpo tridimensional geralmente também pode ser reduzido a corpos regulares para o cálculo de seu volume, como mostrado na figura 28.2. Um cubo de 3 cm de aresta terá 27 cubinhos de 1 cm^3.

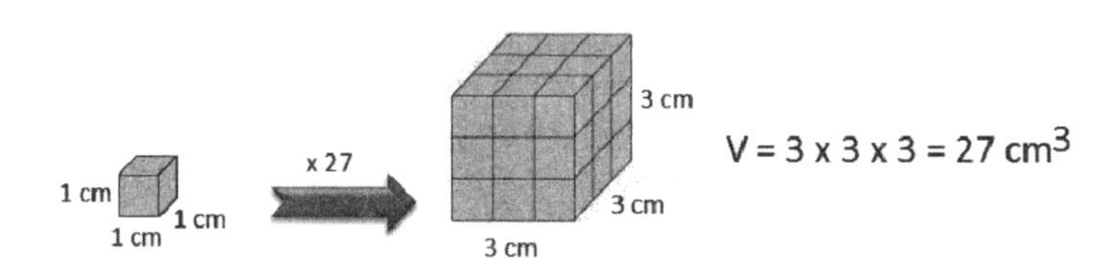

Figura 28.2. Cálculo do volume de um cubo.

Assim, podemos calcular o volume de um edifício, sabendo que seu formato corresponde ao de um ortoedro, como mostrado na figura 28.3.

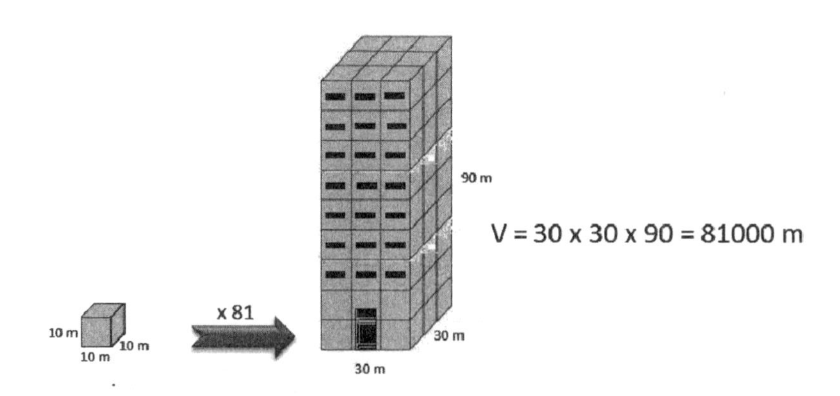

Figura 28.3. Volume de um edifício.

Já o cálculo do volume da esfera, que não tem ângulos, arestas ou faces, pode ser obtido a partir dos volumes de um cilindro e de dois cones, como mostrado na figura 28.4.

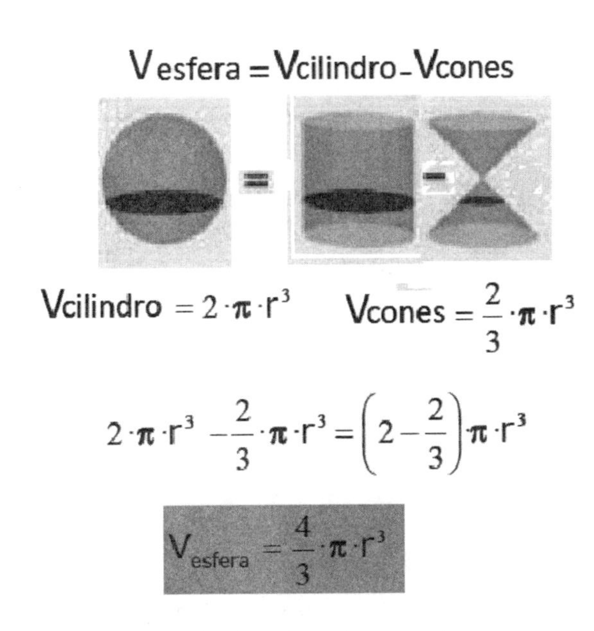

Fig. 28.4. O volume de uma esfera.
Disponível em <http://recursostic.educacion.es/secundaria/edad/2esomatematicas/2quincena10/2esoquincena10.pdf>.
Acesso em 12 fev. 2014.

Os volumes de alguns corpos mais complexos podem ser obtidos pela sua decomposição em corpos mais simples. Porém o cálculo do volume dos sólidos irregulares só foi resolvido após a invenção do Cálculo Diferencial e Integral, no século XVII.

Anexo 1

Lógica

É comum associarmos a Matemática ao uso do raciocínio lógico, ou da Lógica. Por isso, vamos falar um pouco sobre Lógica...

A Lógica não se preocupa em verificar se o conteúdo de uma afirmação é ou não é verdadeiro. Ela preocupa-se em verificar se há ou não há coerência entre afirmações. Vejamos o exemplo A.1 abaixo.

Exemplo A.1. Gato Isca.	
Afirmação 1 (premissa).	Todos os gatos usam botas.
Afirmação 2 (premissa).	Isca é um gato.
Afirmação 3 (conclusão).	Logo, Isca usa botas.

Nesse exemplo, as afirmações 1 e 2 não são verdadeiras. Afinal, você já viu algum gato usando botas?

No entanto, as três afirmações são coerentes e estão logicamente encadeadas. As afirmações 1 e 2 são nossos pontos de partida, chamadas de premissas. Essas premissas justificam a conclusão obtida na afirmação 3. Assim, temos uma argumentação válida.

Reforçamos que, mesmo partindo de uma premissa (afirmação 1) falsa e chegando a uma conclusão (afirmação 2) também falsa, temos uma argumentação válida.

Em resumo, dependendo do conteúdo, podemos classificar as afirmações em verdadeiras ou falsas. Dependendo da coerência, podemos classificar as argumentações (compostas de premissas e de conclusões) em válidas ou inválidas. Vejamos mais um exemplo (exemplo A.2).

Exemplo A.2. Menino Nicolau.	
Afirmação 1 (premissa).	Todas as meninas têm dois olhos.
Afirmação 2 (premissa).	Nicolau não é uma menina.
Afirmação 3 (conclusão).	Logo, Nicolau não tem dois olhos.

No exemplo A.2, as afirmações 1 e 2 (premissas) são verdadeiras. No entanto, a conclusão obtida (afirmação 3) não é verdadeira e a argumentação é inválida.

Para finalizar, vamos analisar o exemplo A.3.

Exemplo A.3. Sol e praia.	
Afirmação 1 (premissa).	Se fizer sol no sábado, irei à praia no domingo.
Afirmação 2 (premissa).	Não fez sol no sábado.
Afirmação 3 (conclusão).	Logo, não irei à prova no domingo.

Você acha que a argumentação do exemplo 3 é válida ou inválida?

Na afirmação 1, há somente a indicação do que será feito no domingo no caso de fazer sol no sábado. Ou seja, nela, não se informa sobre o que será feito no caso de não fazer sol no sábado. Portanto, a partir das premissas, não há como chegarmos à conclusão expressa na afirmação 3 e a argumentação é inválida.

Para tornarmos essa argumentação válida, podemos fazer as alterações propostas no exemplo A.4.

Exemplo A.4. Praia somente se fizer sol.	
Afirmação 1 (premissa).	Somente se fizer sol no sábado, irei à praia no domingo.
Afirmação 2 (premissa).	Não fez sol no sábado.
Afirmação 3 (conclusão).	Logo, não irei à praia no domingo.

Anexo 2

Dedução e Indução

A Matemática decorre, fundamentalmente, de um tipo de raciocínio chamado de dedutivo, enquanto as Ciências, como a Física e a Química, operam com o raciocínio indutivo. Vamos ver, a seguir, como são caracterizadas a dedução e a indução.

Na dedução, partimos de uma situação geral e chegamos a uma situação particular. No argumento dedutivo, o fato de as premissas serem verdadeiras obriga, necessariamente, que a conclusão também seja verdadeira. Vejamos os exemplos B.1 e B.2.

Exemplo B.1. Argumento dedutivo (primeiro exemplo).	
Afirmação 1 (premissa).	Luiz é homem.
Afirmação 2 (premissa).	Todo homem é mortal.
Afirmação 3 (conclusão).	Logo, Luiz é mortal.

Exemplo B.2. Argumento dedutivo (segundo exemplo).	
Afirmação 1 (premissa).	O número 8 é múltiplo de 2.
Afirmação 2 (premissa).	Todo número múltiplo de 2 é par.
Afirmação 3 (conclusão).	Logo, o número 8 é par.

Na indução, partimos de uma situação particular e tentamos chegar a uma situação geral. No argumento indutivo, o fato de as premissas serem verdadeiras não garante, com 100% de certeza, que a conclusão também seja verdadeira. Nessa generalização, a probabilidade de a conclusão ser verdadeira depende da quantidade e da qualidade das observações realizadas. Vejamos o exemplo B.3.

Exemplo B.3. Argumento indutivo.	
Afirmação 1 (premissa).	O cobre é condutor de eletricidade.
Afirmação 2 (premissa).	A prata é condutora de eletricidade.
Afirmação 3 (premissa).	O ferro é condutor de eletricidade.
Afirmação 4 (conclusão).	Todo metal é condutor de eletricidade.

Impressão e acabamento
Gráfica da Editora Ciência Moderna Ltda.
Tel: (21) 2201-6662